设计学解构

王海亮◎著

吉林出版集团股份有限公司
全国百佳图书出版单位

图书在版编目（CIP）数据

设计学解构 / 王海亮著 . -- 长春 : 吉林出版集团
股份有限公司 , 2022.11
ISBN 978-7-5731-2817-1

Ⅰ . ①设… Ⅱ . ①王… Ⅲ . ①设计学 – 研究 Ⅳ .
① TB21

中国版本图书馆 CIP 数据核字 (2022) 第 233198 号

设计学解构
SHEJIXUE JIEGOU

著　　者	王海亮	
责任编辑	息　望	
封面设计	李　伟	
开　　本	710mm × 1000mm	1/16
字　　数	210 千	
印　　张	12.5	
版　　次	2023 年 3 月第 1 版	
印　　次	2023 年 3 月第 1 次印刷	
印　　刷	天津和萱印刷有限公司	

出　　版	吉林出版集团股份有限公司
发　　行	吉林出版集团股份有限公司
地　　址	吉林省长春市福祉大路 5788 号
邮　　编	130000
电　　话	0431-81629968
邮　　箱	11915286@qq.com
书　　号	ISBN 978-7-5731-2817-1
定　　价	75.00 元

　　设计学作为 20 世纪后兴起的一门边缘性学科，主要是研究人类的造物行为和设计规律的一门学科，设计学研究设计创造的方法、设计发生及发展的规律、应用于传播的方向等，它强调理论研究与实践创造的结合，是融多种学术智慧，集创新、研究与教育于一体的新兴学科。设计工作，特别是泛系广义设计，是一项社会性、思维性、技术性、方法性极强的整体活动，必须有共性的思路与方法学的指导。

　　设计学是研究人类的造物行为和设计规律的学科。一方面，设计作为人类有意识的生命活动，它与特定的观念、文化心理、审美情趣之间有着内在必然联系，具有意识形态的显著特点；另一方面，作为人类的造物行为，它又与特定的物质生产和科学技术紧密相连，同时也具有自然科学的客观属性。这两方面的特点，恰恰构成了设计学作为一门专门学科的独特品质：它不是单一的自然科学或人文学科，而是自然科学和人文学科相互交叉与综合，具有多元性或边缘性的新兴学科。

　　设计学是对人类造物行为的理论研究。由于设计所追求的终极目标是功能性与审美性的统一，因此，设计学的研究对象便紧紧围绕着设计的功能性与审美性展开。就功能性而言，设计学应对相关的物理学、材料学、机械学、工程学、电子学、生态学、经济学等进行研究；就审美性而言，色彩学、构成学、美学、艺术学、心理学、传播学、民俗学、伦理学等则是其研究的范畴。如此广阔的研究天地，我们应以严谨的治学态度、广泛的知识结构和科学的研究方法，认真对待。

所谓生活的艺术化，是设计中个人尊严维系的哲学基础，设计师应该很敏感地感知人们需求背后的真正动机和心灵上的各种渴求，只有抓住这些根本上的东西，才能在美学上、在想象上，给人们提供富有魅力的作品，才能提供未来的期待和梦想。21世纪，设计会成为激发生命力、感动人心灵的重要源泉。

本书主要内容是设计学的解构，共分为九章，第一章是设计与设计学的概述，第二章是设计的多重特征，第三章是设计的专业分类，第四章是设计史的前缘与诞生，第五章是设计的审美与设计美，第六章是设计的方法与方法论，第七章是设计批评，第八章是设计师，第九章是走向未来的设计。

在撰写本书的过程中，作者得到了许多专家学者的帮助和指导，参考了大量的学术文献，在此表示真诚的感谢！由于作者水平有限，加之时间仓促，本书难免存在一些疏漏，在此，恳请同行专家和读者朋友批评指正。

目 录

第一章 设计与设计学概述

本章主要对设计和设计学进行了阐述，主要内容包括设计的广义和狭义的概念，设计的本质和目的，设计学的确立、方向、史论研究和学科框架等内容。

第一节 设　计

一、设计的概念

（一）广义的概念

广义的设计可看作一种文化活动，它突破了物质生产领域而成为社会文化的一个重要组成部分，即不仅是一般工程技术与产品开发设计，还可以理解为人类自觉把握、遵循客观规律，并根据人类社会的需要，以及社会结构、机制和发展趋势，依照一定的预想目的，做出有益于人类生产与生活的设想、规划，并付诸实施的创造性、综合性的实践活动。其也包括社会任何硬件与软件的设计，如设计一个组织机构、一项城市交通规划、一个社会教育体制或一个生态平衡模式等，当然更包括物质方面的如生产工具、生活资料的设计等，涉及自然科学和社会科学等广泛的领域。因此，从最为广泛的意义而言，人类所有生物性和社会性的原创活动都可以被称为设计。

（二）狭义的概念

狭义的设计可以理解为根据人们生活与生产的需要，合理地运用材料、技术，通过艺术处理，并从人的生理、心理特征出发，依照一定的预想目的，做出的从设想、规划、制作到生产出成果的创造性、综合性的实践活动，并使自然物从内容到形式发生变化而成为人工制品的行为。具体地说，主要是指作为实用美的视觉传达设计、产品设计、建筑设计、环艺设计、园林设计以及服饰设计等。总的来说，设计应该是人的设想、运筹、计划等通过实践而实现其特定目的的创造性活动。

设计除具有物的机能、结构等属性外，还含有审美属性，所以，设计往往成为美化、舒适、创新的代名词。

由此可见，设计是一个融入多门科学的创造性的新的边缘与交叉学科，它的概念与含义、内涵和外延是随着经济与社会进步而不断发展、变化的。到了20世纪，尤其是20—30年代，随着科学技术的发展和工业经济的繁荣，设计的中心不再是图案、装饰，而是逐步转向对产品的材质、结构、功能和美的形式进行规划与整合，设计要反映出工业化大生产和市场经济前提下的各种要求，以及消费者（使用者）与生产者双方的利益和生理、心理上的要求，是一项综合性的计划。20世纪90年代以后，由于全球自然环境恶化，设计界对环境进一步关注，使设计从关注人与物到关注人与环境及环境自身的存在，出现了关注生态环境的设计思想和设计潮流，设计的定义也应据此做出相应的修改，以符合时代发展的需要。

二、设计的本质与目的

（一）设计的本质

设计是人类社会不可或缺的重要部分，在人们的生活中扮演着重要的角色，对于人们更好、更舒适的生活有着重要意义。人类社会因为有了设计的存在，才有了对美的诠释，才有了生活的乐趣。那么设计的本质又是什么呢？

设计是对自然中的美的重现与变形，是人们表现自然、改造自然的行为。人类自古就对自然有着崇敬和欣赏的感情，因此通过设计表达对自然中的美的感受，抒发自己对自然的这种感情。在工艺美术运动时期，代表人物约翰·拉斯金就曾提出"向自然学习，从自然中汲取营养"的设计思想。另一位代表人物威廉·莫里斯更是将这种思想广泛应用于他自己的设计之中。他在他的"红屋"之中发展着他的"田园风格"，设计取材于自然，多以植物为主题，赋予了他的设计一种自然的灵魂。他设计的椅子、墙纸、地毯等无不是自然的"孩子"。世界知名的天才设计师"疯子高迪"曾说过："艺术必须出自大自然，因为大自然已为人们创造出最独特美丽的造型。"让他拥有源源不断的创意及超越自己的动力的就是大自然。在他设计的古埃尔公园里，他将建筑与自然完美有机地结合在了一起。这里的一切——小桥、道路和镶嵌着彩色瓷片的长椅，蜿蜒曲折，好像飘荡流动着似的，构成诗一般的意境。按建筑师的意图将成为未来居民休憩场所的中央广场，建有柱廊，但其中的柱子没有一根是笔直的，全像天然森林中的树干。他将对大自然的美的感受利用建筑表现出来，他的作品成为世界建筑史上的经典之作。但要说建筑与自然的完美结合，笔者最喜欢的还是"流水山庄"，它真正地诠释了如何将建筑融于自然，表现了人对自然的崇敬、喜爱与改造。

设计是人的思想与心灵感受的现实体现。设计师善于把自己的想象赋予作品之上，让作品拥有设计师的灵魂。设计是人们对于世界的想象，即使是描绘现实中的事物，也加上了想象的改造与变形。梵高就是用作品来表现自己的一位代表人物，他要表现的是他对事物的感受，而不是他所看到的视觉形象。他不满足于只是理性的"模仿事物的外部形象"，而要借助绘画"表达艺术家的主观见解和情感，使作品具有个性和独特的风格"。在他的作品《乌鸦群飞的麦田》里有着人们熟悉的他那特有的金黄色，但它却充满不安和阴郁感，乌云密布的沉沉蓝天，死死压住金黄色的麦田，沉重得叫人透不过气来，一群凌乱低飞的乌鸦、波动起伏的地平线更增加了压迫感、反抗感和不安感。绿色的小路在黄色麦田中伸向远方，这更增添了不安和激奋情绪，这种画面处处流露出紧张和不祥，好像是一封色彩和线条组成的无言"绝命书"。而就在第二天，他又来到这块麦田对着自己的心脏开了一枪。

设计是时代的产物，反映着一个时代的特点。古希腊和古罗马的建筑设计处处体现着和谐、完美、崇高的特点，这与当时对神的崇拜以及奴隶社会的特征是分不开的，也受到中世纪神权思想的影响，设计表现出否定现世美、追求上帝的终极美的特点。文艺复兴时期人的意识的觉醒和对宗教的反抗使得设计出来的作品表现了文艺和人性化的特点，出现了浪漫纤巧的巴洛克和洛可可艺术。在工业革命时期出现了大批注重功能的工业品，随之也兴起了反对冰冷的没有人情味的工业产品的工艺美术运动。而现代主义"功能至上，反对任何装饰"的设计特点则是对时代科技迅速发展、民主主义和社会主义流行的时代特点的表现。在信息时代，后现代主义设计则更强烈地表现出个性、独特、性感、流行。

（二）设计的目的

设计的目的是满足人们的需求，研究设计就要研究人的需求，并将需求转化为产品。并且要使人们能通过设计感受到产品的品质，从而产生购买的欲望。实现整体效率的提升，实现工作条理的规范性，增加工作流程的透明度，提升管理水平。通过对现有工作流程的梳理和工作流程网络信息化，实现工作条理的规范性及增加现有相关工作流程的透明度，提高工作效率，完善管理体制。工作流程涉及所有的部门和人员，具体参与的部门和相关岗位人员由上线流程的实际数量和相关操作面来决定。通过适当的外部形状、色彩充分但不夸张、真实而不虚假地表现出产品的内涵。设计的本身是创造，是人的生命力的体现。设计师前瞻性的构思是设计创新的来源，是人类都必须依赖的生命力与原动力。创新其实就是人们描述未来远景的一种方式，设计师的任务就是借助本身的直觉能力去发掘与构筑世界的新价值，并予以视觉化。

第二节 设计学

一、设计学的确立

广义的设计学是关于设计的科学，是研究"人工物"的科学和学科。设计作为融艺术与科学为一体的交叉学科，在建设和发展的过程中，包括了自然科学、社会科学和人文科学的相关内容。早在 1969 年由赫伯特·西蒙首次提出"设计科学"这门学科门类的概念。他的著名论文《关于人为事物的科学》，从人的创造性思维和物的合理结构之间的辩证统一和互为因果的关系出发，总结出设计科学的基本框架，包括它的定义、研究对象和实践意义，设计学从此逐渐形成了独立的新兴交叉学科体系。

这里论述的"设计学"是"艺术学"门类下与美术学并列的一级学科。因此有必要将设计学与美术学做一比较。美术学是人文科学的一部分，是一门研究美术现象及其规律、美术历史的演变过程、美术理论和批评的科学，换句话说，美术学也要研究美术思潮、美术理论、美术美学、美术史学。其研究也可以借鉴哲学、美学、心理学、社会学、文艺学的方法，从而形成边缘地带或形成新的交叉学科，例如美术社会学、美术心理学、美术市场学、美术管理学等。在这一界定中，美术学的基本研究对象包括美术史、美术批评与美术理论，它们构成了美术学的基本内容。在很长一段时间里，工艺美术被视为与美术史和建筑史有密切的联系，蔡元培在《美术的起源》一文中对美术的狭义解释是专指建筑、造像（雕刻）、图画与工艺美术等。所以工艺美术一直被纳入美术学的范畴，是作为美术学的一个分支来进行研究的。在当时，工艺设计与美术是相对应的，它们最大不同点在于：美术是为了欣赏而作的作品，而工艺设计则是为了实用的产品，前者是"看的艺术"，而后者则是"用的艺术"。

20 世纪 80 年代以来，中国的改革开放使社会、经济、文化得到了快速发展，设计活动不断对社会文明进程产生重要影响，"设计"这个概念逐步地在国内得到广泛的传播，直到 1998 年教育部将高等美术教育原有的"工艺美术"专业定名为"艺术设计"之后，艺术设计学才从几种学科美术学中独立出来，正式作为艺术学一级学科下属与美术学并列的一个二级学科，成为一门全新的综合性前沿学科。在二级学科的大系统内，设计艺术的理论和设计实践是一个整体，它包括理论研究和应用研究等下属三级学科，只是更强调设计艺术的本体性研究和学科的独立性，强调理论和实践的相互促进关系，促使技艺性学科在建制上不断完善。学科名称的变化，既充分考虑到设计与艺术二者内涵的延续性，同时又要体现学科体系的科学性和创新性。需要说明的是，在使用"设计艺术"和"艺术设计"两个概念时，本质没有区别，它们虽与"Design"的意义相近，但不含工程设计。工程设计旨在解决人造物（如机械、设备、交通工具、建筑等）中的物与物的关系，包括产品的内部功能、结构、传动原理、组装条件等。而设计艺术是在解决物与物关系的同时，更侧重于解决物与人的关系问题，考虑到产品对人的生理、心理的作用。因此，设计艺术是艺术而不是技术，但又不同于纯艺术，而是科学技术及人文科学、社会科学相结合的艺术，它的核心是设计，可以说是中国式的专用名词。

到了 2011 年，经过长时间、多方面的研讨论证，综合考量历史根源、学理和现实状况等多方面因素，国务院学位委员会讨论通过了将原有的一级学科"艺术学"升格为学科门类。在国务院学位委员会、教育部印发的 2011 年《学位授予和人才培养学科目录》中，艺术学正式成为第十三个学科门类。

考虑到"设计艺术学"虽属艺术门类，但又具有交叉性学科的性质，遂将原有的"设计艺术学"改为"设计学"，与艺术学理论、音乐与舞蹈学、戏剧与影视学、美术学并列为一级学科。至此，中国的设计与英语的"Design"有了可以对应的理论与实践语境，反映了这一学科发展的现实需要和未来发展的方向。而在 2012 年普通高校本科专业目录中，继续沿用或新加了艺术设计学、视觉传达设计、环境设计、产品设计、服装与饰品设计、公共艺术、工艺美术、数字媒体艺术等专业名称。而工业设计、服装设计与工程学科（可授工学和艺术学学士学位）继续归属于工学学科。教育部认为这样做能够体现时代性、适应性、科学性和开放性的原则，保留一批学科基础比较成熟、社会需求相对稳定、布点数量相对较多、继承性较好的专业，调整一批内涵不够清晰、名称不够规范、区分度较小的专业，以增设一批国家战略性新兴产业发展和改善民生急需以及应用性强、行业针对性强的新专业。

设计学包括所有有关设计的历史和理论研究的内容，从当代世界范围的设计理论研究的现状和我国设计学科建设的需要来看，其组成包括：设计发生学、设计人类学、设计文化学、设计现象学、设计技术、材料学、设计经济学、设计社会学、设计心理学、设计伦理学、设计生态学、设计行为学、设计形态学、设计符号学、设计美学、设计管理学、设计策划学、设计哲学、计算机图形图像学、设计教育学、设计批评学等。就目前开展的相关研究而言，大多以分支研究、专题研究为主，有关成果也大体代表了该学科现阶段的学术水平。

建立中国的设计学，不仅对于振兴当代民族经济、提高社会生活品质有巨大作用，更重要的是作为建设中的艺术学的一部分，设计具有重要的地位和责任。因此，有必要通过逐渐建构我国的现代设计理论体系，用科学的理性精神指导设计实践，让设计活动本身达到艺术与科学的高度和谐与统一。

二、设计学的方向

设计学是关于设计这一人类创造性行为的理论研究。由于设计的终极目标是功能性与审美性的辩证统一，因此，设计学的研究对象便与这两方面有着不可分割的关系，梳理设计学与其他学科的关系非常重要，可以从与设计学有关联的学科关系中发现设计学自身的特点和研究范围。

设计学是基于自然科学、社会、人文科学而产生的新兴学科，因此，通常以构成世界的三大要素：人、自然、社会，构成设计学的基本体系。

其中，自然科学融入技术研究"物"与"物"之间的关系，人文社会科学研究人、人与自身、人与群体的关系，设计研究的是人与物的关系，在这个意义上讲，设计横跨了科学技术与人文社会科学两大领域。

因此，设计学正是体现自然科学、社会人文科学交叉性的一门学科。

其一是自然科学，设计学要对相关的数学、物理学、材料学、机械学、工程学、电子学等理论进行研究；其二是社会科学，设计学要对相关的色彩学、形态构成学、心理学、美学，甚至包括哲学、社会学、文化学、民俗学、传播学、伦理学等进行研究，同时也要对相关的经济学、市场学、营销学、管理学、策划学等进行研究。另外，将设计学的各个分支，从其宏观系统中独立出来加以研究，发挥其各自相互不能替代的属性、特点及作用，也十分重要，但越是突出和强调这些分支的特点和作用，就越要加强与宏观体系的联系。

应用理论的研究对象也是其研究目的，即直接针对设计自身的实践，为实践活动提供理论支持。而说明性、可操作性和序列规范成为应用理论的研究特点，其对象成为纯粹的研究客体，可使用科学实验的手段，以实证或否证的方法进行研究。这样，交叉学科的范围更为广阔，可变性大，性质最为活跃。由于设计学与其他学科的联系和交叉研究的领域十分广泛，系统难免庞杂，因此应从我国设计学科发展历史和范围来分析，如设计发生学研究设计的起源、发展及其风格等，与历史学、考古学等密切相关；设计现象学研究设计的分类、设计艺术与经济、消费的关系等，由此衍生出设计经济学等新学科；环境景观设计不仅与传统的城市规划学科有紧密联系，同时也与地理学、社会学、经济学、心理学、文化学等存在更加密切的联系等。交叉学科是学科分化的现象，处在学科外沿，也是学科的前沿，某一学科只有与其他学科有较多的交叉和联系，彼此互为补充，不断对外交换，激励学科发展，开阔学科视野，才能被注入活力和生机，才能有新的变化。

基于国内设计学研究现状，从学科分类的角度，总结一下目前的研究成果大体可以确定设计学研究的对象、层次和研究的范围。

（一）从学科规范的角度确定研究范围

鉴于设计学在西方是近些年从美术学中分离出来的独立学科，所以可依据西方对美术学的划分方法来划分设计学的研究方向，即一般将设计学划分为设计史、设计理论与设计批评三个分支。设计史、设计理论、设计批评是三个既有联系又有区别的学科，它们构成了设计学的基本内容。其中设计史需要把握设计的过去、现在和未来的纵向发展脉络，必然要研究科技史、艺术史；研究设计理论必然要研究作为应用学科而拥有的来自实践、服务于实践的学科特征，从横向的基本原理和应用原理，研究相关的工程学、材料学和心理学；研究设计批评必然要研究美学、民俗学、伦理学的理论要求等，从而确定其基本的研究范围。

（二）从学科建立的框架体系中确定研究范围

学科体系建立的前提，就是该学科必须具备独立的自身特质。设计作为一门独立的学科，它一方面与社会、经济、文化以及其他艺术有着密切的关联，另一方面又作为一个自我运行的系统，有着自身特殊的结构和内在机制。因此，在理论分析的形态上，表现出了外部和内部两种不同的特性，从而可以相应地采取原理论研究和跨学科研究两种方式。

1. 设计学原理论研究

从学理的角度看，设计已经成为与自然科学相区别的一门科学——设计科学。设计学经过多年的发展，在概念界定、基本特征、领域分类、产生和形成的目的、原则，以及具有相对独立意义的方法论和价值体系方面，具备了构筑学科概念的基本内核；同时作为实践性很强的应用型学科，在具体的设计活动中，不断形成其自身独特的实践应用理论。因此，可以从设计的基本原理和应用原理两方面着手进行研究。

2. 设计学的跨学科研究

设计学的研究对象是一种和人类社会文化系统具有多个交集的复杂客体，

必须采用多种学科、多种方法来研究它才能系统地把握设计的特征和规律。因此，设计学被认为是一门新生的、跨学科的边缘科学，这是由它的学科性质决定的。

现代科学研究的综合性发展，促使许多学科相互交叉、相互渗透并构成了边缘学科的内容。设计学科自身的框架结构包含的分支领域的边缘性质，体现在它与其他学科横向联系交叉而形成的体系中，其自身不断充实与完善的结果也同时造就了更加丰富的分支学科领域。从宏观角度讲，社会学、经济学、美学、哲学、人类学、历史学等诸多学科的研究成果，共同作用于设计的发展；同时，各学科衍生出来的分支学科也更加丰富了设计的研究内容，如市场学、传播学、企业管理学、技术美学、营销学、广告学、消费心理学等，涉及自然科学和社会科学的多个领域。不了解、不把握设计与相关学科的相互关系，就不可能真正揭示设计的内在性和设计作品的存在价值。因此，根据不同的设计对象和不同的研究目的、方法，可以选择相应的学科角度加以切入。可以说，对设计学交叉学科的剖析和诠释有助于人们加深对设计学跨学科研究的具体切入路径的理解。

设计学的跨学科研究主要是指设计学的交叉学科研究，其标志是与相邻学科相互结合、彼此渗透交叉而形成的一系列设计学分支学科的产生。它既是广义学科构架的一部分，又为人们提供了一定的科学性的学术研究方法和理论工具，需要根据对象进行不同的分析和研究。

设计学的分支学科，主要包括以下十个方面：

（1）设计哲学研究：设计的定义、感性与理性、内容与形式、人的需要与造物的目的、设计的美学、设计的哲学基础、设计的认识论等。

（2）设计形态学、符号学研究：设计的形态分类、形态造型与产品设计、视觉与形态、形态与符号含义、符号与传播、设计符号学等。

（3）设计方法学研究：各种设计方法及方法学、方法学理论分析、计算机辅助设计应用研究等。

（4）设计策划与管理研究：设计策划学理论、建模理论、设计任务的管理、设计组织的管理、设计质量的管理等。

（5）设计心理学研究：设计的创造性思维、思维机制、创造心理学原理、设计心理学的特征、消费心理学、认知心理与设计传播、理性与感性工学研究等。

（6）设计过程与表达研究：设计任务分析、设计过程模式与特殊性、设计方案搜索策略、控制机制、设计艺术表达等。

（7）设计经济学、价值工程学研究：设计生产的经济学性质、客户关系、设计与市场、设计的经济价值、科技价值、社会价值、审美价值、伦理价值及其互为关系等。

（8）设计文化学、社会学研究：设计与文化、文化特征与本质、文化与传统、设计与生活方式、设计社会学等。

（9）设计教育学研究：设计教育的思想、教育方法、教育内容与体系、产学研教育模式分析、设计师素质与职责等。

（10）设计批评学与设计史学研究：艺术批评与设计批评、批评模式与理论、批评的标准与理论、艺术史与设计史、设计史学理论等。

（三）设计发展规律的研究

设计理论，顾名思义，是对设计之理（或曰道）的思考与论述。道，既是规律又是途径，涉及本质问题，是通向形而上的思辨之途——以"道"为题，必然进入哲学的发问与解答。故理论一词，往往追究本质，探讨设计的发生意义以及内容与形式的审美关系，探讨设计艺术自身构成的诸种要素及组合规律。

由于设计的发展有其独特的规律性特征，我们可以从以下几个层面进行分析研究：通过设计在设计史上的历史地位及其历史作用，研究设计的发生与历史的演化、风格和流派，其历史原型及模式，展现其产生与历史发展的运动过程和进步的历史形态，研究其发展的内在联系和规律；立足于工业社会和科学技术的变革，探讨设计的手段、观念、方法和风格的变化。从设计的视角，把握现代社会在经济、工艺、劳动方式以及价值观念和生活方式的变革；认识不同时期人类社会的生产力和技术条件的基本特征，研究构成设计艺术物化表现的动因，从本体意义上，以设计形态的功能分析方法去研究设计的特质和广泛意义。

（四）不同的理论层次的研究

张道一先生从理论研究的角度提出了技法性理论（如透视学、解剖学、色彩学、用器画、图案学、构成学、人机工程学等）、创作方法性理论（指由设计观念所指导地对艺术素材的综合处理）、原理性理论（在科学层次上的理性建构）三个层次。这三个层次相互区别又相互渗透，也可以确定其研究的层次范围。

三、设计学的史论研究

尽管目前看来，作为一门发展中的边缘科学，设计学的学科体系建设不似文学、历史等学科那样已十分完备，它很不完善、远未成熟，它正处于不断地拓展和增容之中，但设计史论研究的框架体系是十分丰富的，其内涵与外延清晰可辨。当代设计学科史论研究框架体系可分为设计史学研究和基础理论研究两大部分（表1-2-1）。

表1-2-1　当代设计学科史论研究框架

框架分类		研究范畴
设计史学	发展原理 中国设计史	①中国古代、近代、现代设计的发生、发展、规律、特征、风格、思想及其成因；②设计发展的历时性、民族性、地域性及其共性与差异；③中外文化交流、联系对中国设计史的影响
	外国设计史	①古代、近代、现代的各个时期中世界主要国家和地区设计的发生、发展及其内在规律；②不同国家地区与文化间的交流、互渗及各国设计文化间的相互影响

续表

框架分类			研究范畴
设计学基础理论	基本原理	自律性原理	设计学科的定义、畛域（范畴、边界）；设计学科的特征、属性、规律；设计分类理论（设计形态学）
		他律性原理	设计美学、设计心理学、设计哲学、设计的价值工程理论；设计社会学、产品语义学、人体工程学
	应用原理	设计程序设计方法设计管理、设计批评学	设计程序、设计方法、设计管理、设计批评学

设计史学研究专注于纵向形态的、处于时间与空间维度中的设计历史的动态发展及其全过程，同时，关注这种发展与环境、经济、文化、科技诸方面的密不可分的辩证关联。1977 年成立的、权威的英国设计史学会对设计史有过如下的定义："从前工业化、工业化阶段直到今天的人工制品的功能、形态与材料，包括人工制品的生产、流通、消费以及它的文化、经济和社会的意义，还包括设计史研究的方法、途径和资源。"由此可见，作为设计学的一门分支学科，设计史学研究的范围也是极为广阔的，它构成了一个复杂的人为世界和动态体系。

从系统论的观点看，设计及设计史是自然与社会环境大系统中的一个子系统，这种子系统和大系统的整合不是简单地相加和拼凑，而是部分与部分之间、部分与整体之间、子系统与母系统之间相互渗透、融为一体，是人与自然、人与人造物以及人与环境间的相互影响、相互制约。通过对于设计历史的全面、辩证的阐述，揭示出设计历史发展的内在规律、外有动因和本质特征，从而建立起设计史学的宏观框架，这便是设计的发展原理的核心内容。设计史不是在一个广为人知的学科基础或是在一套既定的方法原理的指导下进行实验而发展的，它的发展是根据这一领域的原始文献，先是褒奖它，然后又批判它。

处于横向形态的设计基础理论研究是一个更为庞大的科学体系。它将以辩证唯物主义思想为指导的设计学科基础理论与科学方法论相结合，广泛汲取自然科学、人文与社会科学的学科思想及其研究成果，在"源于实践、服务于实践"的观念下，自觉突出科学理论的指导性和设计艺术的实践性，因而使设计艺术这门学科既具有十分显著的学科交叉性、横断性，又具有学科交流互动的开放性、包容性，由此形成了设计艺术研究的独特理论和方法。在设计理论大系统中，它与设计史学研究相互联系、不分伯仲。

　　相对于作为设计发展原理的设计艺术史学研究，设计基础理论研究也可分为基本原理与应用原理两大方面。设计的基本原理研究是一个具有自律性和他律性特征的相对完整的研究体系。其研究范畴包括从设计的性质、畛域、规律、特征到设计美学、设计社会学、设计心理学，乃至于与设计活动密切相关的产品语义学、人体工程学等学科。目前，各国对这一领域的研究相较设计更为薄弱，而国内研究则几乎为零。之所以出现这种情况，首先在于设计基础理论研究从设计实践、设计经验中通过理性思辨抽象而来，具有超越感性的理性指导意义，它往往需要以哲学思想为指导、以相邻学科为辅助，同时以设计史的广博知识为后盾，再加以设计学科本来就具有的畛域开放性、学科交叉性，因而，这一切都使得任何一位缺少多学科背景和理论素养的学者难以在此领域有所建树。

　　若从具体的学科分类角度来划分，设计学通常分为设计史、设计理论和设计批评三大门类。在这三种门类中，设计史与设计批评研究具有明显的历时性特点，而设计理论的研究则不受时空的局限，其研究领域具有较大的延展性和包容性（表1-2-2）。一般而言，学界将距今20年以外发生的设计现象、设计活动及设计作品划为设计史的研究范畴，而将当今20年以内的各种设计实践活动及设计作品等定为设计批评的研究内容。设计批评的理论研究来源于当代各种设计现象和设计批评实践，它是沟通设计师与设计消费者、使用者的中介和桥梁，因此，通过大众参与和精英批判，设计批评的声音常会有效地平衡设计创造和设计欣赏间的关系。设计批评形式多样，但最重要的有两种，即展览会批评和消费者的集团批评。展览会批评包括国际博览会的形式，这在现代主义设计早期得到了快速发展，消费者的集团批评来自不同层次、不同利益的消费群体，或具有群体特征的、个体的无意识的群体批判，通过口头或书面的方式表达各不相同的消费意识、主张和评论。自 20 世纪 80 年代前后开始，在西方设计批评界，泛文化批评方式日趋流行，西方设计批评界由此十分活跃。各种哲学思潮和文学批评理论广泛渗入设计批评之中，文学批评通过文化批评的转向开始被引入设计批评中。其中最重要的思潮和形式有结构主义批评对于文本与现象的结构分析。肇始于瑞士索绪尔的现代语言学、后结构主义批评又称解构主义，以法国德里达为开山鼻祖。而对于结构主义之反驳、后殖民主义批评对于"以西方为中心"和"以东方为边缘"的文化之批评，发轫于巴勒斯坦裔美国学者赛义德的女性主义批评反省，所谓男权社会中女性地位的社会批评，与 20 世纪 60 年代女权主义运动密切相关，心理与精神分析批评始于奥地利弗洛伊德个体意识结构论和读者批评以德国伊瑟尔的"读者召唤结构"论为代表，等等。应该说，这种文学与哲学思潮对设计批评的渗入，问题的实质所在，当是西方继 19 世纪科学主义影响人文主义学科之后的第二次文学、艺术和各种思潮之间互渗的影响。

表 1-2-2　设计理论、设计史和设计批评的研究领域、研究特点比较

分支门类	研究领域	研究特点
设计理论	以过去、现代与当代的设计实践、设计家、设计流派、设计作品为对象，为设计发展提供理论指导和契机	逻辑性、预先性、促进性、全面性
设计史	对距今 20 年以外的、过去的设计现象、设计实践、设计作品进行或通史或断代或门类史的研究	具体性、事后性、反思性、客观性
设计批评	以特定时代的特定批评标准为依据，以社会标准为最高批评准则，对当代 20 年内的设计实践与设计作品进行评价、判断和阐释：集大众话语和权威评判于一身	当下性、同步性、结论性、主观性、时效性

由此我们可以看出，一方面，设计理论、设计史和设计批评间俨然泾渭分明。虽然三者在价值、目的和方法上不尽相同，但它们常常互相交叉，根据不同的研究情境而被研究者综合使用。另一方面，应该看到设计理论、设计史和设计批评之间又相互联系、相互促进，且相互间有交叉和重合之处，这种重合既包括研究材料的重合、资源的重合，也包括思维形式和研究方法的重合。

四、设计学的学科框架

（一）设计学的主导方向及主要专业

按照学科方向的设置与实际教学的安排，设计学有五大主导方向：工业设计、视觉传达设计、环境设计、染织服装设计与工艺品设计等。具体而言，工业设计包括产品造型设计、交通工具设计、数字艺术设计等；视觉传达设计包括广告设计、书籍设计、装饰艺术设计、企业形象设计等；环境设计包括室内设计、景观设计、展示设计等；染织服装设计包括染织设计与服装设计；工艺品设计包括金属工艺设计、陶瓷工艺设计、木工艺设计、漆工艺设计、纤维工艺设计与特种工艺设计等。

（二）设计学的研究层次

设计学的研究层次应本着从基础到理论、从一般到抽象、从现象到原理的原则，较为合适的结构应该是：设计基础——设计方法——设计原理——设计哲学。

（三）设计学的相关学科

对应设计艺术学的研究层次，设计艺术的相关学科如下：设计基础——人类工程学、物理学、化学、力学、技术学、工艺学、仿生学、材料学、信息科学、符号学、图像学、行为科学、认知科学、计算机科学等。设计方法——价值学、市场学、经济学、管理学、商品学、生态学、运筹学、思维科学等。设计原理——

社会学、传播学、心理学、民族学、逻辑学、系统科学等。设计哲学——哲学、美学、艺术学、文化学、人类学、伦理学等。

（四）设计学的相关课程

对应设计学的研究层次，设计教学中的相关课程如下：设计基础——设计基础、设计表达、色彩应用与理论、工艺与材料、造型实践与理论、装饰技巧与理论、人机工程学、计算机辅助设计等。设计方法——设计方法学、市场分析、设计艺术管理、价值工程、设计传播学、系统设计研究等。设计原理——设计思维研究、设计批评、设计符号学、设计伦理学、中外设计比较、行为科学研究等。设计哲学——设计哲学、设计美学、设计历史、设计人类学等。

设计学的学科框架也就形成了，即以设计的内涵为原点，沿横轴展开是设计的主导方向与主要专业，沿纵轴展开是设计学科的研究层次以及由此衍生开的相关学科、相关课程的层次。随着理论研究、教学实践的不断深入，设计学科框架的内容也将更充实、更丰富，更有效地指导设计实践，并最终成功地完成设计学科由应用型学科向理论研究型学科发展的转变。

第二章　设计的多重特征

本章的主要内容是设计的多重特征，从四个方面来进行阐述，分别是设计的文化特征、设计的经济特征、设计的科技特征、设计的艺术特征，了解设计的特征有助于我们对设计和设计学展开深入研究。

第一节　设计的文化特征

设计文化是人类用艺术的方式造物的文化。

设计不是一种纯艺术现象，它首先是人类为了生存而进行的造物活动，是人为实现实用功能价值和审美价值的物化劳动形态。这些人造物承载了文化内在与外在的相关意义，反映了特定时空下人们的生活方式、价值观念以及社会状况、技术、生产方式等。所以人类的文化背景深深地影响着产品的设计行为。

从文化学的角度讲，设计艺术所谓的造物，一般指界为具体物态化的产品，造物活动则指人的创造性劳动过程及其文化意义。文化人类学的研究表明，人类的文化是从制造工具开始的。当人猿相揖别，人把第一块石头敲打成为一种或用于投掷，或用于刮研，或用于砍削的有用器物时，已从根本上改变了石头这个自然物的原有属性，使之成为人类文化的确证和信物。在史前文化时期，人类文化是以工具为核心的一元文化，随着文明的进程而逐渐走向多元化。工艺美术作为文化的原始形态，体现着史前人类精神活动和物质活动统一的特点，所以称为"本元文化"。在文明社会，文化虽然分解为物质文化和精神文化，呈现出二元的特征，但这二元在设计上却是统一的，可由人类的造物活动及观念表现出来。

对文化源流的分析，我们可以概分为以下几方面：

（1）本元文化（物质与精神的统一，如建筑艺术、工艺美术、工业设计等）。

（2）物质文化（物质文明的成果，是人类文化行为的产物，是文化的物质载体，也是文化的基本形态。如战争工具、劳动工具等，衣食住行用方面）。

（3）精神文化（精神文明的成果，如诗歌、文学、绘画、雕塑、音乐、戏剧等）。

本元文化从人类诞生之初就形成了，如新石器时代、陶器时代、青铜器时代、漆器、染织等工艺美术序列和建筑艺术等，均包含了实用与审美的完整统一。因此，设计的文化意义，正是伴随着人类心智的物化而纵贯于人类整个的造物活动之中。概言之，从人类有意识地制造和使用原始的工具和装饰品开始，人类的设计文化便开始萌芽，并组成了人类文明的生活流。

综上所说，工艺美术和建筑艺术是沿着本原文化的主流向前发展的，到了20世纪初，西方工业革命的蓬勃发展，工业设计的兴起，社会化大机器生产逐步取代了手工劳动的工艺美术而成为其主流地位。在中国已是改革开放的20世纪80年代初期的事了，由于工艺美术逐渐被设计的概念取代，在当时的理论界尚引起了一场持久的讨论，并在此基础上对工艺美术与现代设计在不同的历史阶段所呈现的时代特征，有了更为深刻的认识。

文化是人类历史实践过程中所创造的物质财富和精神财富的总和，设计正包含了这两个方面，可分为三个层次。第一，设计的物质层，它是设计的表层，主要指设计文化要素的物质载体，它具有物质性、基础性、易变性的特征。如各种设计部门和设计产品、交换商品的场所以及消费者在使用产品中的消费行为等。第二，设计文化的组织制度层，这是设计文化结构的中层，也是设计文化内层的物化，它有较强的时代性和连续性特征。主要包括协调设计系统各要素之间的关系，规范设计行为并判断、矫正设计组织制度等。第三，设计文化的观念层。它是一种文化心理状态，所以也可认为是设计文化的意识层。它处于核心和主导地位，是设计系统各要素一切活动方式的基础和依据。主要表现在生产和生活观念、价值观念、思维观念、思维方式、审美观念、道德观念、道德伦理观念、民族心理观念等方面。它存在于人内心，并由此规定自己的发展特质，吸收、改造或排斥异质文化要素，左右设计文化的发展趋势。

从物质和精神两方面来理解文化，对于全面把握文化结构和性质是至关重要的，人类的设计作为造物文化，首先是物质文化的存在，其次是物质文化与精神文化的综合存在，因此，必然要打上时代、民族地域的文化烙印，体现为物质功能及精神追求的各种文化要素的总和。就是说文化是人的产物，人也是文化的产物，人创造文化，同样文化也造就人。设计文化所体现的是物质文明与精神文明的综合存在，最能深刻地反映人在文化中的创造性和能动性，设计文化作为人本质力量的对象化，是我们理解人类文化的一个典型范例。

文化是人在自身社会化过程中所创造的，从根本意义上讲，文化是一种社会的文化。从文化的社会定义角度来讲，英国的文化学者雷蒙·威廉斯认为"文化是对一种特殊生活方式的描述"，而设计创造的正是一种社会生活方式。对设计产品的文化研究就是要阐明由它创造的某种特殊生活方式，以及这种特殊生活方式中隐含或外显的意义和价值。设计艺术作为社会文化，其社会学性质首先表现在民族性方面，由于不同地域、不同人群，以及历史发展的不均衡性形成了各国各民族不同的文化特点，因此，各民族独特的设计文化之间的差异性、丰富性和独创性、互补性也会随着社会的发展逐渐形成，并互相渗透，互相影响，从而促进文化向多元化方向发展。在设计的表述上，我们常说：德国优秀设计、斯堪的纳维亚风格、意大利杰出设计、无印良品设计等，这些词并没有文化的字眼，但可用于解释不同设计师或民族设计风格间差异形成的原因。涉及群体深层的"心理结构"，具有价值取向，在造型、色彩、功能、语义等方面明显表现出来，因生活习惯、价值观影响而形成不同的设计形态。

设计的人类性寓于民族性之中，永恒性寓于时代性之中，普遍性寓于特殊性之中，所谓"和而不同"，就是这种辩证统一的设计文化观的体现。

当代信息化社会给设计所带来的冲击，将会极大地改变我们的设计文化形态，并引起设计理念和设计方法的重构。在设计表达上，最直接的是带来了信息时代新的造型语言和表达方式，并促使新的设计文化形态的诞生。

信息是符号化的知识，信息以知识为内涵，又成为知识创新、知识传播、创造多样化应用的基础，从而使设计文化特征所具有的学科结构内涵不断地扩展，即设计文化与时代发展，设计文化与意义化生存，设计文化与文化生态，设计文化与传播接受，设计文化与人类文明，设计文化与民族文化语境，设计文化与创造，以及设计文化模式、设计文化变迁、设计文化与人类梦想等，使现代设计文化形态的内涵越来越丰富和多元化。

尽管如此，设计的本质并未改变，设计仍将始终致力于对人类生活方式和生存环境的改善与创造。只有当设计最终成为一种日常理性思维与审美方式的时候，它才不再是一种职业性的分工，而将被解读为一种思维方式与人生态度，正如赫伯特·西蒙所说的那种无处不在的设计性——"只要是意在改变现状，使之变得完美，这种行动就是设计性的"。

第二节　设计的经济特征

设计是一种经济生产活动，它创造使用价值和审美价值，是社会物质生产的一部分。它与纯艺术的社会存在不同，纯艺术是作为意识形态而存在的，设计则作为一种经济生产形态而存在。也就是说，生产的产品如果不成为商品，那么生产活动将变得毫无价值。从市场定位和市场观念来看，研究和分析使用目的是设计为"人"这个大目标所决定了的，也是设计的意义所在。设计与消费的互动，一方面促进商品生产的发展，另一方面也促进设计的不断进步。因此，作为一种经济形态，商品直接受经济规律的支配，从设计、生产、流通、销售都必须按经济规律行事。设计中对材料的利用和选择、对生产工艺过程的方式的选定、对产品实用性以及对消费者审美心理变化的关注等都与经济有关，生产过程本身就是一个创造经济价值的过程，而流通和销售的经济活动，是完成和实现其价值的活动。

经济作为设计原则之一，要求用最少的消耗创造最大的价值。任何设计都是以符合目的要求为价值标准的。这种应用是通过市场将设计转化为商品而体现的。商品的实用性直接表现为一种经济价值，它必须给使用者、购买者带来一定的经济利益和实用效益，所谓"物以致用为本"，实用价值体现了设计的根本意义，而审美价值和品牌价值的创造，则可以增加商品的附加值，以赢得更多的经济价值，并从中体现设计自身的知识价值和智慧价值。

美国经济发展过程中曾经历了独特的"三部曲"。第一是以"T"形福特车为象征的时代，它体现了成功的市场开拓策略对于经济扩张的巨大意义。美国早期经济的这一奇迹既与福特先生追求内需市场的运营见解有关，也与福特公司持有独特设计观念有关。第二是以雷蒙德·罗维为象征的时代，罗维是美国经济以设计为动力继续开拓市场的历史见证者。这一时代体现了用设计来开启市场潜力的实现途径。第三是以比尔·盖茨为象征的时代，盖茨是美国以原创价值开辟新兴市场，并将创新优势转化为资源优势的战略措施的历史见证者。由此可知，设计在与经济生活、生产方式、传播过程相结合的过程中实现了增值，体现了具有经济资源价值的特征。

体验经济是 20 世纪 90 年代出现的一种全新的经济形式。与服务经济不同的是，它是一种激发人与产品之间、生产者与消费者之间、消费者与消费者充分对话的开放式互动经济形式。约瑟夫·派恩与詹姆斯·H. 吉尔摩在所撰写的《体验经济》一书中，从经济学角度提出了人类历史经历了四个阶段：从物品经济时代到商品经济时代，再到服务经济时代，最后人类将进入体验经济时代。作者认为体验是一种创造难忘经历的活动，是企业以服务为舞台，以商品为道具，围绕消费者创造出值得回忆的活动。因此，体验设计也应运而生。即一段可记忆的、能反复的体验，是体验设计通过特定的设计对象（产品、服务、人或任何媒体）所预期要达到的目标。在体验经济的条件下，产品设计不再是简单功能的载体，它包含了设计者与使用者的主体体验，为人提供了生活体验方式，从而创造了"人与物"的协调关系。

第三节　设计的科技特征

自古以来，人类的创造过程是一个整体行为。人们的思维也是非线性的，科学创造中包含艺术，艺术创作中有科学的规律。

艺术与科学分家则是很晚的事。亚里士多德说艺术是对自然的模仿，即艺术乃是人类理解自然现象的科学。如果说现代科学起源于"文艺复兴"时代，那么许多伟大的科学先驱就是艺术家。莱奥纳尔多·达·芬奇即是典型的例子，他几乎涉足了科学的各个领域。例如，他所开创的人体解剖学，可以说为20世纪的生命科学奠定了基础。

现代科学史大致经历了四个阶段：透视学的创立是第一个阶段的标志，天文镜和显微镜的诞生是第二个阶段的标志，照相术的发明标志了第三个阶段，而电脑的诞生标志着第四个阶段。在这每一个阶段，艺术运动与科学上的革命不是相继产生就是并行发生。开普勒的行星运动定律与巴洛克艺术的椭圆结构；牛顿的物理光学实验与荷兰内景画的光线处理；量子论与修拉的点彩技法；相对论与塞尚的空间观念；电脑时代的视觉媒体更不必提了，可以说是一个图像的时代。

我们知道，艺术的基本属性是保持在非精确性和非量性的层面上，它的语言必须通过具体可感的形象来表达不可重复的事情；而科学则是具有普遍性规律的陈述，它的语言是排斥自我的，必须用一定的抽象符号来表达。艺术和科学都有各自不同的语言规则和不同的价值取向。

设计是科学技术与艺术相互统一的产物。从人类的造物史可以发现，人类从事科学研究的目的实际上是实现为人所用。而符合科学规律的大千世界与艺术之间存在着深刻的联系，它是产生艺术美学概念、美学规律的源泉与载体。科学与艺术的共同基础是人类的创造力，科学家和艺术家在探求世界本质的过程中，其目的是揭示客观和主观世界中隐含的矛盾、结构、和谐与秩序。这种目标上的相合、相关、沟通，正是科学与艺术互为影响、互为补充、互为交叉的内在基础。

在古汉语中，技、艺不分，合称为"技艺"。而在希腊词汇中艺术一词的词义几乎等同于技艺。因此，艺术与技术具有同源关系。手工业时代的技术与艺术完美结合，造就了传统工艺的辉煌。

200多年前蒸汽机的发明，带动了人类社会机械化进程；100多年前电的发明，带动了人类社会电气化进程。1919年，德国包豪斯学院的成立标志着现代主义设计的系统化、规范化。在深刻认识机器文明、普遍承认现代技术的土壤上，架构起现代设计观念和现代设计操作的科学体系。格罗佩斯将包豪斯的教育理念明确表达为"技术与艺术的新统一"。现代设计的发展更清楚地显示了设计与技术的同盟关系。1851年，在英国万国博览会上展出的"水晶宫"展示了现代建筑史上第一次借助现代技术的最新成果，使用玻璃、铁架结构和标准单元预制构件，对材质、构造的艺术表达，是科学和技术发展在设计中的应用，而工业技术与现代艺术的客观化趋势相结合，又直接促成了一场现代设计史上最具影响力的现代主义设计运动。可以说，设计史上每一次重大的突破都是大胆采用现代技术的结果。例如，摄影技术的诞生，其发展和运用范围的扩大，出现了显微摄影技术、X光透视技术、红外遥感摄影技术、超声波扫描技术等。当代图像的摄制已经远远超过我们的肉眼所能观看的事物表面，进入一个极其宏观或极其微观的层面，这使传统的手工描绘的质量、速度都已远远赶不上现代技术对客观形体摄制的精确性、瞬时性和完整性的绘制，从而使现代艺术不得不舍弃"应物象形"的工作，转向对内在隐蔽世界的探索和表现。

当代计算机网络技术的发明和应用的普及，使人类社会发生了巨大的变革，正从工业社会向信息社会转变，从工业社会的物质文明向后工业社会的非物质文明转变。"未来关键科技将是人与电脑之间的互动能力。"历史又一次重现了当年包豪斯的情形：一批数学家、物理学家、计算机专家、艺术家、设计师、建筑家、音乐家、认知心理学家和大众传播专家，又一次紧密合作，研究领域跨越了艺术与科学的界限。可以说，艺术与科学的结合开启了艺术设计的新天地，同时也为科技添上了人文精神的翅膀。

科学技术的发展促进了生产力的发展，形成了先进的生产力，这必然导致人们生产活动方式的变革，形成新的生产方式。比如由机械化的生产方式转化为自动化的生产方式，使设计自动化、生产过程自动化、整个工厂自动化、办公自动化，乃至科研、教育、语言、新闻、出版等方面的自动化已成为社会物质生产、管理的主要方式。由刚性生产方式转化为柔性生产方式，使机械化生产从产品的品种、规格、型号、样式、大小的整齐划一，按照同一模式进行的批量化生产转变为在计算机技术、自动控制技术的主导下，运用"灵活生产系统"，根据用户的不同需要生产不同模式的产品，而且生产周期短。柔性生产方式在电子工业、汽车工业、飞机制造业、信息产业中得到广泛应用。人们认为这是从生产方式到思想方式的真正革命。

从 20 世纪 90 年代开始，随着电脑技术的普及、互联网的建立与扩张，预示着一个新型的社会——信息社会（非物质社会）的来临。其形成和发展，一方面，必然导致设计手段、方法、过程等一系列的变化，从而开始迈入"数字"化的设计时代；另一方面，设计从范围、定义、本质、功能乃至教育诸方面也会发生重要的变革。当今社会，新技术、新材料的应用成为设计的重要特征，如三维动画、新媒体艺术等将技术和艺术更加完美地结合在一起，出现了新的"虚拟设计"。当下，VR 设计师已热遍全球，VR（Virtual Reality，简称VR）中文意思为"虚拟设计"，它可以把人们在建筑、工业设计等各方面的构想通过电子影像技术在计算机上用立体动画的方式表现出来，过去通常所采用的规划图、工业设计图、建筑沙盘等都将成为历史，一切设计人员脑海里的奇思妙想都可以在电脑中成为真实的存在。

"虚拟设计"技术的概念，最早是由美国科学家拉厄尔于20世纪80年代初提出的，现在它已被广泛应用于社会生活的各个方面，如"虚拟生产""虚拟贸易""虚拟市场""虚拟网络"等。而虚拟设计则是通过"虚拟现实"的手段，追求产品的设计完美和合理化。

虚拟设计通过"三维空间电脑图像"达到以下效果：①真实。借助电脑和其他技术，逼真地模拟人在自然环境中的各种活动，把握人对产品的真实需要。②交互。实现人与所设计对象的操作与交流，以不断改进设计模型。③构想。强调三维图形的立体显示，使设计对象与人、环境更具现实感和客观性。美国福特汽车公司科隆研究中心设计部经理罗勃认为，采用虚拟设计技术，可使整个设计流程的时间减少三分之二。

21世纪，虚拟设计将在建筑设计、装备设计、产品设计、服装设计中发挥神奇的效用。可以说，现代意义上的艺术设计，很大程度上要依赖于社会生产力的提高和科学技术的进步，因此，设计的发展尤其需要科学技术作为先导。可以肯定的是，大数字时代的来临对我们的生活影响越深，建立在科学、技术基础上的审美取向也会越趋明显。

第四节　设计的艺术特征

艺术史家潘诺夫斯基在20世纪50年代曾暗示：17世纪的西方科学革命，可以追溯到15世纪的"视觉革命"。埃杰顿更进一步提出，由14世纪意大利画家乔托所开创的"艺术革命"：运用解剖学、透视学及明暗法等科学手段，在二维平面上创造三维空间的真实错觉，为17世纪的"科学革命"提供了一套全新的观察、再现和研究现实的"视觉语言"。

在20世纪之前的漫长历史演进中，美术与设计长期以来被归于艺术创造的范畴之中。以绘画、雕塑、建筑为主体的视觉艺术与手工艺这种传统意义上的设计之间的紧密关系始终贯穿于艺术发展的进程之中，直至19世纪末期，"工艺美术运动"的代表人物威廉·莫里斯提出了"艺术与技术结合"的原则，主张让美术家从事产品设计，既揭示出设计与艺术的必然联系，又显示出了设计师独立的姿态。受莫里斯影响的包豪斯创建人、建筑家沃尔特·格罗佩斯更是邀请了像伊顿、马科斯、穆什、费林格、克利、康定斯基等著名的前卫建筑家、艺术家、设计师到校任教，使包豪斯的设计教学和设计理论研究大放异彩。当时，绘画界激进的探索推动了平面设计的革命。美术界对构成产生明确认识，是从19世纪后期的印象派画家塞尚开始的。塞尚的绘画构图及其方法论，与立体造型的构成是相通的。其后塞尚对构成的认识又影响了特朗、马蒂斯、马鲁克等，使他们建立了"野兽派"。继而又影响卡鲁拉、卢索、巴鲁拉、塞巴利尼等，使他们建立了"未来派"。此后，"未来派"又发展为革命的"达达派"。其表现贯穿着几何的、抽象形态的意识观念。受立体主义、未来主义、构成主义等的影响，进步设计师挑战传统，发展了符合时代的设计风格。立体主义是最早地把时间—空间概念转化为视觉形象的艺术派别。它利用相对性原理和同时性原理，把不同时刻观察到的对象同时表现出来，在画面中表现出更纯粹的几何形态。画家蒙德里安的思想是荷兰风格派的哲学和视觉造型发展的源泉。他受立体派等前卫艺术的影响，摒弃了设计作品中的一切元素。把视觉词汇减少到使用红、黄、蓝及黑白色，形体与造型只限于方形和长方形，以庄严的不对称的构图，达到一种紧张和平衡的绝对和谐状态。因为有共同的形式追求，蒙德里安与另两位风格派的重要人物画家莱克和杜斯博格的作品，都是用有限的视觉词汇，探索表达宇宙的数学结构和自然中普遍的和谐及可支配的可见现实，以及被事物的外部面貌隐含的普遍法则。其风格表现在以下几点：

（1）把传统的形式特征完全剥离掉，变成高度提炼的最基本的几何结构单体或基本元素。

（2）运用最基本的几何结构单体或元素，进行简洁的结构组合，但又使单体或基本元素在新的组合中保持相对的独立和鲜明的可视性。

（3）特别注重非对称形式架构的研究与运用，开拓了设计形式语言的新层面。

（4）热衷于纵横几何结构和红、黄、蓝三原色及黑白中性色的反复运用。

（5）用抽象的比例和构成代表绝对、永恒的客观现实。

受此影响，里特维特设计的"红蓝椅子"和"施罗德"住宅，把蒙德里安的二维构成延伸到三维空间，前者是"风格派"最著名的代表作品之一，是现代主义在形式探索上一个非常重要的里程碑。

现代艺术中这些特性与大机器批量生产的标准化、机械化技术要求正好合拍，成为大机器生产的必然选择。在两者相结合的基础上诞生了现代主义设计。

探索性的设计还出现在俄国、意大利、法国与德国。对大工业生产方式的认同强化了对秩序的要求，简洁能使设计体现秩序，设计师开始抛弃虚饰的传统做法。现代德国设计师受到勒·柯布西耶等人简洁主义的影响，将几何型看作设计的神圣原则，以排斥装饰、注重基本形态著称，成为理性主义的先锋。随着超现实主义、表现主义、构成主义等派别的更迭与转换，设计样式也如同现代艺术一样变幻无穷。其中既有形式、语言的开拓，又有精神内涵的丰富，出现超时空概念。20世纪60年代，装置艺术以开放的姿态充分地吸取了绘画、设计、商业以及生活垃圾等一切造型手段和语言因素，创造了一个新的艺术领域。这一视觉观念很快影响到了设计。与此同时，绘画艺术也同时受到设计与商业文化的启示，如理查德·汉密尔顿采用照片、海报、招贴印刷材料组成了作品《是什么使今天的家庭如此不同又如此吸引人》，该作品成为波普艺术的开山之作。以视错觉、有秩序变化的图像重复，形成视觉的动感和错觉的欧普艺术，表现的是另一种依赖视觉残像及视错觉表现的媒体形式，后来发展成动感艺术，加上声、光、影形成一种空间、立体、平面的综合艺术，成为有赖于人们的视网膜影像错觉引发心理现象所展现的一种有装饰意味的媒体设计。这种设计风格在海报、电视影像、包装设计中常为设计家所采用。而发端于20世纪70年代的后现代主义，则是对国际主义风格的反叛，以寻求更有活力的、多元的文化。通过借助过去的维多利亚、新艺术与装饰艺术风格，激发了许多设计师的怀旧思潮，将老的艺术形式进行现代化的运用，使产品具有浓厚的艺术创造意味，拓展了设计的理念和语汇。

不言而喻，以此为基础而形成的现代设计观念和继之而起的后现代设计思潮，都延续了这种基于视觉艺术层面上的思考。

现代设计与现代造型艺术对视觉经验、造型观念、形式语言诸方面的理解常常不分彼此，但设计除秉承现代造型艺术思维活跃、观念创新之外，还更多地深受当代工业化进程、物质技术手段等的制约和影响。现在，"设计学"逐渐从"美术学"中脱离出来而成为一门独立的学科，设计师与美术家的社会分工越来越明晰，但同时，当我们把雕刻、建筑、绘画、插图、工艺美术、工业设计、摄影、电影、电视、数码媒体等综合在一起称之为视觉艺术时，已不单纯是语言的问题，而是意味着造型种类的混合化。从中也应该看到它们在本质上始终相互关联，彼此互融。

总之，艺术与设计，它们虽然在分离中各有所求，但有一点是一致的，那便是通过视觉的魅力与精神显现，共同满足人类的多样化需求和与之相对应的对理想生活方式的期望。

第三章 设计的专业分类

本章的主要内容是设计专业的分类，从四个方面进行论述，分别是人与社会——传达设计、人与自然——产品设计、社会与自然——环境设计、新媒与网络——信息与交互设计。

第一节 人与社会——传达设计

"视觉传达设计"一词于 20 世纪 20 年代开始使用，作为专有名词正式确立于 20 世纪 60 年代。"视觉传达设计"简称"视觉设计"，是由英文"Visual Communication Design"翻译而来，但是在西方，仍普遍使用"Graphic Design"一词。英文"graphic"源于希腊文"graphicos"，原意为"描绘"（drawing）或"书写"（writing），通过德语"graphik"转用而来。视觉传达设计在过去习称商业美术或印刷美术设计，当影视等新映像技术被应用于信息传达领域后，才改称视觉传达设计，在西方，有时也称之为"信息设计"（Information Design）。

一、视觉传达设计的历史沿革

"视觉传达设计"可以通过"视觉符号"与"传达"这两个概念来理解。广义的符号，是利用一定媒介来代表或指称某一事物的东西，符号是实现信息贮存和记忆的工具，又是表达思想情感的物质手段，人类的思维和语言交流都离不开符号，符号具有形式表现、信息叙述和传达的功能，是信息的载体。依靠符号的作用，人类才能进行信息的传递和相互的交流。作为人类认识事物和信息交流的媒介，广义的符号由人类不同的知觉感官组成的，它包括视觉符号系统、听觉符号系统、触觉符号系统、味觉和嗅觉符号系统等。所谓视觉符号，是指人类的视知觉器官——眼睛所能看到的，表现事物一定性质（质地或现象）的符号。视觉符号系统也可与其他系统符号通过新的关系综合成新的复合系统，例如现代视听学习系统或多媒体系统（如彩色电视、广告），它可以由几种或全部感官来接受。所谓传达，是指信息发送者利用符号向接受者传递信息的过程。它既可以是个体内的传达，也可以是个体之间的传达，包括所有的生物之间、人与自然、人与环境以及人体内的传达。一般可以归纳为"谁""把什么""向谁传达""效果、影响如何"这四个程序，因此，对视觉传达而言，设计师、媒介与受众之间的关系显得尤为重要。

人类很早就懂得利用视觉符号来进行信息传达，比如原始人就曾使用过结绳、契刻、图画等方法，以辅助口头语言完成信息传达的任务。中国新石器时代不少器物上的契刻符号，欧非大陆洞窟的古代岩画，都是为了传达某种神秘信息服务的。这种信息传达的方法，从古至今，一直为人们日常生活所普遍使用，例如古代的咒术、图腾，各种节日的庆祝形式、祭礼仪式、徽章、旗帜、地图、标识、乐谱、解剖图及产品说明图，哑剧、舞蹈等，所有这些在人们的生活中都有很深的基础。历史上，视觉传达设计在材料、技术诸方面，经历过多次革命性的发展。古代西亚、埃及和中国的文字的发明，是人类信息传达文明史上的第一次革命。中国造纸术的发明是第二次革命，8世纪前后中国产生了雕版印刷，宋仁宗庆历年间（1041—1048）毕昇发明了活字印刷术，1450年左右，德国的谷登堡发明了金属活字，印刷了欧洲第一本书，成为印刷时代开始的标志，这是第三次革命。印刷术的发明，是使视觉传达设计向大众传播信息迈入的最重要的一步。

19世纪初发明的石版印刷，经过改良，促成了19世纪中叶兴起的商业招贴画的繁荣；现代的视觉传达设计，正是以招贴画为中心的印刷品设计发展起来的。20世纪二三十年代，摄影图片开始被用于招贴等视觉设计中。1946年美国和英国开始播放黑白电视，1951 年美国正式播放彩色电视，映像技术的革命大大拓展了视觉设计的领域。到了 20 世纪 80 年代，电脑辅助设计（CAD）技术开始在世界范围内普及，一场新的设计技术革命正在悄然兴起，它在很大程度上改变了视觉传达设计的面貌，开创了视觉传达设计的新纪元。

随着现代通信技术与传播技术的迅速发展，人类社会加快向信息时代迈进的步伐，视觉传达设计也正在发生着深刻的变化，例如传达媒体由印刷、影视向多媒体领域发展；视觉符号形式由以平面为主扩大到三维和四维形式；传达方式从单向信息传达向交互式信息传达发展。在未来更高级的信息社会，视觉传达设计将有更大的进步，发挥更大的作用。

视觉传达设计，正是利用视觉符号来进行信息传达的设计。设计师是信息的发送者，传达对象是信息的接收者。信息的发送者和接收者必须具备部分相同的信息知识背景，即信息传达所用的符号至少有一部分既存在于发送者的符号贮备系统中，也存在于接收者的符号贮备系统中，只有这样，传达才能实现。否则，在发送者与接收者之间就必须有一个翻译或解说者作为中间人来沟通，例如，对一个没有任何西方文化知识背景的中国人来说，"Just do it"的文字符号，就不能勾起任何"激情、运动"的感觉；"十"字图案符号也不能唤起"神圣、赎罪"的意念；"维纳斯"的图像符号也不一定引起"爱与美"的联想。所以，信息传达设计中作为发送者的设计师必须根据接收者的知识背景与传达内容来选择符号媒介，这是传达设计的基本原则。视觉传达设计主要是凭借视觉符号来进行信息传达，不同于靠语言文字进行的抽象概念的传达。视觉传达设计的主要功能是传达信息，有别于直接以使用功能为主的产品设计和环境设计。视觉传达设计的过程，是设计者将思想和概念转变为视觉符号形式的过程，而对接收者来说，则是个相反的过程。在凯瑟琳·麦克伊自己设计的课程大纲招贴中，传统的模式被各种用以分析与评论的术语打断，这正是"克兰布鲁克的论演方式"及其设计思想。对麦克伊夫妇来说，设计师与受众之间的关系不再是主要问题，也不再是严格意义上交流的单一途径：恰恰相反，与解构主义相似，他们对意义进行了质疑。

视觉设计师不同于视觉艺术家的是：一方面，他的工作受到更多的限制，为了向特定对象传达特定的信息，他的设计最终必须是他的特定对象易于认知和理解的视觉符号，这一点从根本上不同于拥有更多"自我表现"自由的视觉艺术家。另一方面，视觉设计师有时还必须考虑其设计的复制或制作计划的问题，而且，在设计过程中，还可能会受客户意见的影响而不得不对设计反复修改。

二、视觉传达设计的基本要素

在纷繁复杂的视觉符号系统中，文字、标志和插图是视觉传达设计的基本构成要素。

（一）文字

约公元前 3500 年，欧洲的克罗马农（Cro-Magnon）文化把平面交流的基础确立在洞窟绘画和其他设计之上。史前艺术家们共用一套视觉语言，这表明了他们在同一个社会公认惯例体系中工作。史前艺术家通过组织画面去区别图形和背景，他们一致地使用各种形式作为象征价值的符号，对这种符号的系统运用是交流的基础，在此基础上，约公元前 1 万年，人类文字在记号和图章中成形。到公元前 3000 年，发展出更多雕、刻和写的专门工具，并应用于耐用性各异的材料之上，如黏土、石头、莎草、皮、骨头、蜡、金属和木头。

文字是人类祖先为记录语言、事物和交流思想感情而发明的视觉文化符号，它对人类文明起了很大的促进作用。文字主要有象形、表意和表音三种类型。经过数千年的文明历程，世界文字在数量、种类和造型等方面都有了很大的发展。据统计，英文单词有近五万种，汉字语词也有近五万个。文字主要可划分为中文字和外文字。中文字以汉字为主，另外还有蒙古文、藏文、回文和壮文等。外文以英文为主，此外，还有法文、德文等拼音文字，在亚洲地区还有曾为汉字文化的日文、朝鲜文、越南文等。

最早的象形文字、字母和符号的形状与现今的字母表和基于字符的手写体相关。1917 年纽约达达主义者创办了自己的杂志《盲人》，第一期在 4 月 10 日出版，马塞尔·杜尚设计的封面洋溢着滑稽和荒诞，手绘的插画及手写体文字有意地违背标准化的机器感。该杂志只出过两期，但成了他们挑战艺术与文化传统、批判博物馆艺术传统主义基础的园地。

（二）标志

标志是狭义的符号，有时称标识、标记、记号等，它以高度概括的形象代表或指称某一事物，表达一定的含义，传达特定的信息，相对文字符号，标志表现为一种图形符号，具有更直观、更直接的信息传达作用，正如文字在不同的上下文中，意义可能不一样，标志在不同的使用环境，传达的信息也可能不一样。比如同是心形标志，出现在贺年卡上和出现在医学资料书上，传达的意思就完全不一样。

标志有多种类型。按性质分类，标志可分为指示性标志和象征性标志。指示性标志与其指示对象有确定的直接的对应关系，例如红色的圆表示太阳，箭头表示对应的方向等。而象征性标志不仅可以表示某一事物及其存在性，而且可以表现出包括其目的、内容、性格等方面的抽象概念，例如公司徽标和商标等。

按使用主体分，标志可分为公共标志和非公共标志。公共标志指公众共同使用的标志，例如公共场所指示标志（如洗手间指示标志、公用电话指示标志）、公共活动标志（如体育标志）、物品处理说明标志（如洗衣机上操作说明标志），还有交通标志、工程标志、安全标志等。非公共标志是指隶属某机构、组织、会议、会计、私人或物品使用的标志，如国家标志的国旗、国徽和企业标志、会议徽标、商品标志（商标）等，中国人的印章、欧洲贵族的纹章和日本人的家族徽章等，均属此类。

（三）插图

插图是指插画或图解。传统的插图主要用来形象地表现文字叙述的内容，是作为文字的补充说明而存在的。今天，作为设计要素的插图，不仅有补充说明的作用，更因为其造型和色彩诸方面的引人注目，而发挥着视觉中心的信息传达作用。

插图有绘画插图、影像插图和复合插图三种。绘画插图是指用各种绘画材料或电脑绘制而成的插图，有抽象画、具象画、漫画和动画片等多种形式，表现手法灵活，富有个性；影像插图是指用摄影和摄像技术制作的插图，包括照片图像和影视图像，比手工绘制速度快，真实感强；复合插图是利用手工或电脑图像处理软件，将绘画图像和影像图像合成、变化制作而成的插图，制作手法新颖，有意想不到的效果。1894 年 4 月，著名出版商莱恩创办著名杂志《黄面志》，由奥博利·比亚兹莱担任其美编，亨利·哈兰德担任其文编。此杂志一经出版即引起轰动，成为 19 世纪 90 年代的象征，比亚兹莱成为其灵魂人物。

三、视觉传达设计的类型

（一）字体设计

文字是约定俗成的符号，文字的形态，受书写工具和材料的影响，例如早期的甲骨文、石鼓文以及后来的毛笔字，因为材料与工具不同，同一文字，字形各异。印刷术发明以后，字形分为印刷体和书写体两类，文字排列方法也随之发生了变化，在人类的信息传达与交流活动中，文字是最普遍使用的视觉符号元素。

文字形态的变化，不影响传达的信息本身，但影响信息传达的效果。因此，有必要运用视觉美学规律，配合文字本身的含义和所要传达的目的，对文字的大小、笔画结构、排列乃至赋色等方面加以研究和设计，使其具有适合传达内容的感性或理性表现和优美的造型，能有效地传达文字深层次的意味和内涵，发挥更佳的信息传达效果，这就是字体设计。字体设计主要分中文字体设计和西文字体设计。设计字母能以两种截然不同的方式区分：作为一系列表现性的动作和作为一组用作复制的理想形状或构建而成的范本。

设计字体包括基础字体设计变化而成的变体、装饰体和书法体等，字体设计被广泛运用于标志设计以及广告橱窗、包装、书籍装帧等设计中。字体设计一般与标志、插图等其他视觉传达要素紧密配合，才能取得完美的设计效果，发挥高效的传达作用。1961 年，英国 Letraset 公司开发了即时干式转印字母工艺，这一项技术能让设计师在更短的时间里以更低的成本来设计各种平面上的字母元素，甚至可以实现以前不可想象的标题排版方式。Letraset 公司的信息库不断增加，其中不仅包括从原始铸字公司获得许可的字体副本，还包括他自己的设计。

（二）标志设计

作为大众传播符号的标志，由于具有比文字符号更强的视觉信息传达功能，所以被越来越广泛地应用于社会生活的各个方面，在视觉传达设计中占有极其重要的地位。标志设计必须力求单纯，易于公众识别、理解和记忆，强调信息的集中传达，同时讲究赏心悦目的艺术性。其设计手法有具象法、抽象法、文字法和综合法等。

德国现代主义设计师彼得·贝伦斯重新设计了德国通用电器公司（AEG）的企业标志，贝伦斯用更简朴的 Behrens-Antiqua 字体取代了飘逸华丽的 Eckmann 字体，三个字母以品字排列，都分别为等大的六边形框限，它们又被统摄于一个同样比例的大六边形中，意味着作为一个整体的 AEG 是由每个规整个体单元组合而成。后来，贝伦斯把这个简洁清晰的标志和 AEG 这三个粗重的字母广泛地应用到该公司的厂房、企业宣传手册、产品目录、包装、广告，以及所有产品中，并确保公司的所有印刷品采用一致的字体和版面，以此为 AEG 建立起高度统一的企业形象，从而开创了现代 CI 设计的先河。

（三）插图设计

插图具有比文字和标志更强烈、直观的视觉传达效果，作为视觉传达设计的要素设计之一，插图设计被广泛应用于广告、编排、包装、展示和影视等设计中。插图设计不同于一般性的绘画和摄影、摄像，它受指定信息传达内容与目的的约束，而在表现手法、工具和技巧诸方面，则是完全自由的，随着摄影、摄像技术和电脑辅助设计技术的发展，插图设计的面貌异彩缤纷，呈现出无限的可能性。

插图的设计必须根据传达信息、媒介和对象的不同，选择相应的形式与风格，例如机械精工的商品，宜采用精密描绘、真实感强的插图；而对于儿童商品，则采用轻松活泼、色彩丰富的插图效果会更好。插图设计在 20 世纪的杂志封面设计上推陈出新，美国平面设计师瑞·埃文（RealIrvin）不仅为 1925 年创刊的《纽约客》封面绘制了装饰风艺术的漫画形象尤斯塔斯·提利，还创造了新奇的字体题写标题，这让该杂志逐渐形成自己独特的艺术风格，并成功地吸引读者注意：直到 1994 年，《纽约客》封面的基本设计都保持了埃文所使用的两种元素：全出血（full-bleed）的图片和左侧那条被称为 strap 的垂直色带。

（四）编排设计

编排设计，即编辑与排版设计，或称版面设计，是指将文字、标志和插图等视觉要素进行组合配置的设计。目的是使版面整体的视觉效果美观而易读，以激起读者观看和阅读的兴趣，并便于阅读理解，实现信息传达的最佳效果。

编排设计主要包括书籍装帧和书籍、报刊、册页等所有印刷品的版面设计、以及影视图文平面设计等。当编排的是广告信息内容时，便同时属于广告设计；当编排的是包装的版面时，便又属于包装设计。

文字编辑、图版设计和图表设计是构成编排设计的三个要素设计，它们各自具有独特的设计特征与手法，但是通常需要综合运用三个要素设计，才能达到整体版面易读美观的效果。此外，还需根据传达内容的性质、媒体特点和传达对象的不同，进行综合分析研究，确定最佳的编排版式。1937 年，美国设计师莱斯特·比尔开始为美国农村电力化管理局制作大量招贴画，目的在于向还未通电的农村推广电力，这正是罗斯福"新政"中的重要经济计划。比尔明晰简单的设计具有直接的感染力，能够很容易被阅读能力有限的人理解。比尔的这种设计手法贯穿于整个系列的招贴画中，形成统一的视觉传达效果。

（五）广告设计

广告的历史非常悠久，在原始社会末期，商品生产和商品交换出现以后，广告也随之出现。最早出现的是口头广告和实物广告，印刷术发明之后，出现了印刷广告。现代电讯传播技术出现后，电台与影视广告随之诞生。广义的广告，除了包括以营利为目的的商业广告外，还包括非营利性的社会公益广告，以及政府公告、各类启事、声明等。

作为视觉传达设计的广告设计，是利用视觉符号传达广告信息的设计。广告有五个要素：广告信息的发送者（广告主）、广告信息、信息接收者、广告媒体和广告目标。广告设计就是将广告主的广告信息设计成易于接收者感知和理解的视觉符号（或结合其他符号），如文字、标志、插图、动作（和声音）等，通过各种媒体（或多媒体）传递给接收者，达到影响其态度和行为的广告目的。

根据媒体的不同，广告设计可分为印刷品广告设计、影视广告设计、户外广告设计、橱窗广告设计、礼品广告设计和网络广告设计等。CI 设计是广告设计领域的一种新形式。一般是为了创造理想的经营环境，而有计划地以企业标志、标准字和标准色等要素为设计中心，将广告宣传品、产品、包装、说明书、建筑物、车辆、信笺、名片、办公用品，甚至账册等所有显示企业存在的媒体都加以视觉的统一，以达到树立鲜明的企业形象、增强企业员工的凝聚力、提高企业的社会知名度等目的。

商业广告设计，必须先经过科学和充分的市场调查分析，制定针对性的广告目标和策划，以此为导向进行设计，避免凭主观想象和个人偏好的所谓艺术表现的盲目性设计。20世纪50年代，在美国，成功与地位、机器与未来、美丽与健康、休闲与方便成了广告一再重复的主题。劳德·卡尔弗特威士忌广告让历史上著名的杰出男士都端着该品牌的威士忌，配以广告"给杰出男人……劳德·卡尔弗特"。于是，生产和设计、市场和广告共同制造了让消费者无法抗拒的信念：个人满足是通过消费和丰裕的物质来达到的。最终，消费文化通过商业广告的设计和传达成功地占据了人们生活的各个方面。

（六）包装设计

包装设计是指对制成品的容器及其他包装的结构和外观进行的设计，习称包装装潢设计，是视觉传达设计的重要组成部分。包装可以分为工业包装和商业包装两大类。包装有保护产品、促进销售、便于使用和提高价值的作用。工业包装设计以保护为重点，商业包装设计以促销为主要目的。

包装原来只是为了使商品在运输过程中不致破损，便于储存，迅速明确品名、生产者、数量和预见质量等。而现代的包装，除了这些基本目的外，逐渐成为产品设计中不可或缺的一部分，成为争夺购买者的重要竞争手段。随着商品竞争的加剧，人们对个性化商品的需求日增，包装的作用也日益明显。对易耗消费品来说，包装的促销作用尤其突出。

包装的视觉设计在设计方法和步骤上，与编排设计和广告设计有相同和相似的地方。包装设计也必须以市场调查为基础，从商品的生产者、商品和销售对象三个方面进行定位，选择适当的包装材料，先进行包装结构的设计，然后根据包装结构提供的外观版面，通过文字、标志、图像等视觉要素的编排设计表现出来，做到信息内容充分准确，外观形象抢眼悦目，富于品牌的个性特色。

（七）展示设计

展示设计，或称陈列设计，是指将特定的物品按特定的主题和目的加以摆设和演示的设计。它是以信息传达为目的的空间设计形式，包括博物馆、科技馆、美术馆、世博会、广交会等各种展销、展览会的展示，商场的内外橱窗及展台、货架陈设也属于展示设计。

早期的展示设计只是商人对自己店铺货架上的商品加以布置摆放和简单的装潢，意在引起顾客的注意，起到诱导购买的作用。随着社会经济与技术的发展，展示设计也迅速发展成为一种综合性的空间视觉传达设计。

展示设计包括"物""场地""人""时间"四个要素。成功的展示设计，必须建立在这四个要素的基础上，必须在形态、色彩、材料、照明、音响、文字插图、影像及模型等多方面充分利用新技术、新成果，借以全面调动观众的视觉、听觉、触觉，甚至嗅觉和味觉等一切感知能力，形成"人"与"物"的互动交流；此外，还应充分考虑展示时间的长短、展品的视觉位置、人流的动向、视线的移动、兴奋点的设置以及观众的年龄、性别、兴趣、职业等因素，把展示场地设计成为一个理想的信息传达环境。

（八）影视设计

影视设计是指对影视图像和声音及其在一定时间维度里的发展变化进行的设计，使之借助影视播放技术，将特定的信息更加生动鲜明、快速准确地传递给信息接收者。影视设计属于多媒体的设计，它综合了视觉和听觉符号进行四维化的信息传递。

影视设计包括电影设计和电视设计。电影自 19 世纪末问世以来，在图像、声音、色彩和立体感方面都有了很大的进步，它是现代最具综合性的艺术设计形式。电视虽然没有电影的大画面，但是它可以利用电波在瞬息之间将影像和声音广泛地传送出去，自然渗入大众的生活中，影响之大超过其他所有的信息传播媒体。

影视设计包括各类影视节目、动画片、广告片、字幕等的设计。自从引入电脑辅助设计 CAD 技术和激光制作技术以后，影视设计的视听效果更加精彩，信息传递更加高效，影响也更广泛。1987 年，刚从皇家艺术学院毕业不久的三位英国设计师安迪·阿尔特曼、大卫·埃利斯、霍华德·格林哈尔希成立了平面设计小组"Why Not"联盟。这几位年轻人把自己定义为既不与主流妥协，又不自我疏离于时尚杂志的设计师，通过使用新技术，他们的小规模公司得以维持下去，并且逐渐拓展业务，有机会承接大公司的委托。

第二节　人与自然——产品设计

产品设计，即是对产品的造型、结构和功能等方面进行综合性的设计、以便生产制造出符合人们需要的实用、经济、美观的产品。

广义的产品设计，可以包括人类所有的造物活动，从第一块敲砸而成的石器，到今天的照相机、汽车、电子产品、服装、家具和各式的数码产品，都是人类产品设计行为的结晶。在产品设计出现以前，人类的祖先只能依靠大自然的"施舍"获得生存的资料。在漫长的进化和与自然斗争的过程中，人类逐渐具备了利用和改造自然的能力。他们利用自己的双手和工具，发挥意志和理智的力量，通过艰辛的劳动，创造了无比丰富的物质产品，从而在第一自然的基础上，建立起了符合人类生存发展需要的"第二自然"，特别是工业革命以后，更加丰富的工业产品进一步扩大了"第二自然"的外延。虽然第一自然是人类生存的摇篮，但是只有在人工产品构成的"第二自然"的世界里，人类才能拥有自己的家园，才能生活得更加自由，更加美好，才能实现自我的价值，这些正是产品设计的意义所在。

一、产品设计的基本要素

产品的功能、造型和物质技术条件，是产品设计的三个基本要素。功能是指产品所具有的某种特定功效和性能；造型是产品的实体形态，是功能的表现形式；功能的实现和造型的确立需要构成产品的材料，以及赋予材料以特定的造型，乃至功能的各种技术、工艺和设备，这些被称为产品的物质技术条件。

功能是产品的决定性因素，功能决定着产品的造型，但功能不是决定造型的唯一因素，而且功能与造型也不是一一对应的关系。造型有其自身独特的方法和手段，同一产品功能，往往可以采取多种造型形态，这也是工程师不能代替产品设计师的根本原因所在。当然，造型不能与功能相矛盾，不能为了造型而造型。物质技术条件是实现功能与造型的根本条件，是构成产品功能与造型的中介因素，它也具有相对的不确定性，相同或类似的功能与造型，如椅子，可以选择不同的材料，材料不同，加工方法也不同。因而，产品设计师只有掌握了各种材料的特性与相应的加工工艺，才能更好地进行设计。

产品的功能、造型与物质技术条件是相互依存、相互制约，而又不完全对应地统一于产品之中的辩证关系。正是因为其不完全对应性，才形成了丰富多彩的产品世界。透彻地理解并创造性地处理好这三者的关系，是产品设计师的主要工作。

二、产品设计的基本要求

产品设计是为人类的使用进行的设计，设计的产品是为人而存在，为人所服务的产品设计必须满足以下的基本要求：

（一）功能性要求

现代产品的功能有着比以前丰富得多的内涵，它包括：物理功能——产品的性能、构造、精度和可靠性等；生理功能——产品使用的方便性、安全性、宜人性等；心理功能——产品的造型、色彩、肌理和装饰诸要素给予人的愉悦感等；社会功能——产品象征或显示个人的价值、兴趣、爱好或社会地位等。

（二）审美性要求

产品必须通过其美观的外在形式使人得到美的享受，现实中绝大多数产品都是满足大众需要的物品，因而产品的审美不是设计师个人主观的审美，只有具备大众普遍性的审美情调，才能实现其审美性产品的审美，往往通过新颖性和简洁性来体现，而不是依靠过多的装饰才成为美的东西，它必须是在满足功能基础上的美好的形体本身。

（三）经济性要求

除了满足个别需要的单件制品外，现代产品几乎都是供多数人使用的批量产品，设计师必须从消费者的利益出发，在保证质量的前提下，研究材料的选择和构造的简单化，减少不必要的劳动，以及增长产品使用寿命，使之便于运输、维修和回收等。尽量降低企业的生产费用和用户的使用费用，做到价廉物美，这样才能既为用户带来实惠，也为企业创造效益。

（四）创造性要求

设计的内涵就是创造。尤其在现代高科技、快节奏的市场经济社会下，产品更新换代的周期日益缩短，创新和改进产品都必须突出独创性，一件产品设计如果没有任何新意，就很容易被社会淘汰，因而产品设计必须创造出更新、更便利的功能，或是唤起新鲜造型感觉的新的设计。

（五）适应性要求

设计的产品是供特定的使用者在特定的使用环境中使用的，因而产品设计不能不考虑产品与人的关系、与时间的关系、与地点的关系，例如产品的设计，必须考虑是成人用还是小孩用，春天穿还是冬天穿，家居穿还是室外穿，也不能不考虑产品与物的关系，比如冰箱如果不适应各种食品存放就失去了意义；另外，还得考虑产品与社会的关系，因为社会传统中存在着某些忌讳的图像，例如仿"纳粹"标志的产品造型是被禁止的，所以，产品必须适应这些由人、物、时间、地点和社会诸因素构成的使用环境的要求，否则，它就不能生存下去，正如日本夏普公司的总设计师净志坂下提出的：应该在产品将被使用的整体环境中来构想产品。夏普公司就聘请了社会学家研究人的生活与行为状态，然后设计出产品来填补他们发现的鸿沟。

除此以外，产品设计还应该易于认知、理解和使用，并且在环境保护、社会伦理、专利保护、安全性和标准化诸方面，也必须符合相应的要求。

三、产品设计的分类

产品设计是与生产方式紧密相关的设计。从生产方式的角度来看，产品设计可以划分为手工艺设计和工业设计两大类型，前者是以手工制作为主的设计，后者是以机器批量化生产为前提的设计。

（一）手工艺设计

手工艺设计是以手工对原料进行有目的地加工制作的设计，主要依靠双手和工具，也不排斥简单的机械。范围主要包括陶瓷器、漆器、玻璃制品，皮革制品、皮毛制品、纺织、线、木制品、竹制品、纸制品等的手工艺设计制作。在工业革命以前，手工艺设计制作是人类获得产品资料的主要手段，世界上多数民族都有自己历史悠久、各具特色的手工艺制作传统。

由于手工艺设计与制作往往没有完全分离，传统风格与个人经验趣味的影响常常贯穿于整个产品的生产过程。因此，相比于标准单一、使人有冷漠感的工业产品，手工艺产品更具民族化、个性化、风格化的特征，其独有的亲切、细腻与自然的美感，是机制产品所不能替代的。但是由于受生产手段的制约，以及相对封闭和分散的发展形式，造成了它不能像工业产品一样广泛地进入普通人的生活。

手工艺是"工"与"艺"的结合，内涵具有"技术、技巧、技艺"之意。手工艺设计师双手的技巧是手工艺设计制作的前提，手工艺设计往往不仅承袭传统的技术与传统的设计样式，连制作原料也继承传统的选择。随着技术的进步和新的物质材料的发现和应用，手工艺设计在继承前人优秀传统的基础上，也将不断地革新和发展。

（二）工业设计

工业设计是经过产业革命，实现工业化大生产以后的产物，以区别于手工业时期的手工艺设计。工业设计这个词，最早出现在 20 世纪初的美国，用以代替工艺美术和实用美术。这些概念最开始使用在 1930 年前后的经济大萧条时期，工业设计作为应对经济不景气的有效手段，开始受到企业家和社会的重视，广义的工业设计几乎包括我们所指的"设计"的全部内容，所以有人干脆以"工业设计"代替整体的"设计"概念，一般理解的，狭义的工业设计，是指对所有的工业产品进行的设计，其核心是对工业产品的功能、材料、构造、形态、色彩、表面处理、装饰诸要素从社会的、经济的、技术的、审美的角度进行综合处理。既要符合人们对产品的物质功能的要求，又要满足人们审美情趣的需要，还要考虑经济等方面的因素。它是人类科学性、艺术性、经济性、社会性的有机统一的创造性活动。

通常工业设计的直接目的，是设计出市场适销、用户满意的产品，借以提高产品附加价值，降低企业经营成本，增加企业经济效益；而从根本上来说，作为人—环境—社会的中介，工业设计是以人的需求为起点，以形形色色的工业产品为载体，借助工业生产的力量，全面参与并深刻影响着人们生活的方方面面。它是以创造更加完美的生活方式，改善人类的生存环境和提高人类的生活质量作为其根本宗旨的。

从英国威廉·莫里斯发起的"艺术与工艺运动"算起，经过德意志制造联盟的推动及包豪斯设计革命到现在，工业设计已有一百多年的历史，世界上各个先进国家由于普遍重视工业设计，从而极大地推动了工业和经济的发展与人们生活水平的提高。

工业设计包含的内容非常广泛，按设计性质划分，工业设计可以分为式样设计、形式设计和概念设计。式样设计——对现有的技术、材料和消费市场等进行研究，改进现有产品的设计。形式设计——着重对人们的行为与生活问题的研究，设计出超越现有水平，满足数年后人们新的生活方式所需的产品，强调生活方式的设计。概念设计——不考察现有生活水平、技术和材料，纯粹在设计师预见能力所能达到的范畴内考虑人们的未来与未来的产品，是一种开放性的、对未来从根本概念出发的设计。

按产品的种类划分，工业设计包括家具设计、服装设计、纺织品设计、日用品设计、家电设计、交通工具设计、文教用品设计、医疗器械设计、通信用品设计、工业设备设计、军事用品设计等内容。

1. 家具设计

家具是人类日常生活与工作必不可少的物质器具，好的家具不仅使人生活与工作更加便利舒适、效率提高，还能给人以审美的快感与愉悦的精神享受。家具设计，是根据使用者要求与生产工艺的条件，综合功能、材料、造型与经济诸方面的因素，以图纸形式表示出来的设想和意图。设计过程包括草图、二视图、效果图的绘制以及小模型与实物模型的制作等。

家具设计既属于工业设计的一类，同时又是环境设计，尤其是室内设计中的重要组成部分。家具的陈设定下了室内环境气氛与艺术效果的总基调，对整个室内空间的间隔，以及人的活动及生理、心理上的影响都举足轻重。因而室内设计不能缺少家具设计的因素，同时室内家具的设计也不能脱离室内设计的总要求。同样，室外家具的设计，也必须与周边的环境保持协调。

家具种类繁多，按功能划分主要有坐卧家具、凭依家具和贮存家具，与此对应的主要有床、椅、台、柜四种家具；按使用环境可分为卧室、会客室、书房、餐厅、办公室及室外家具；按材料可以分为木、金属、钢木、塑料、竹藤、漆工艺、玻璃等家具；按体型可以分为单体家具和组合家具等。

2. 服饰设计

衣、食、住、行之"衣"是人类生活的必需品。衣服是广义通俗的词语，指穿在人体上的成衣。经过思考、选择、整理，和人体组合得当的衣服着装才叫服装设计。服饰设计是指服装设计及附属装饰配件的设计。

原始人曾学会用树叶、羽毛、兽皮等当衣服披在身上，并能用兽牙、贝壳等制作朴素的装饰品，可见服饰设计历史之久远。现代人的穿着不只是为了保暖、御寒、遮体，也不只是为了舒适实用，作为人体的"包装"和文明的标志，更重要的是展示穿着者的个性爱好及衬托其气质风度、文化水准与身份象征等。因此，服饰设计不仅需要具备设计技术素质，还需掌握人们的服饰心态、民风习俗等社会文化知识。

世界各地区各民族都有各自传统的服装，如旗袍、西装、和服、纱丽及阿拉伯长袍等。现代服装种类更加繁多，按效用分类，有生活服装、运动服装、工作服装、戏剧服装和军用服装等，还可以按人们的年龄和性别、季节、款式、材料等进行分类。

服装设计包括服装的外部轮廓、造型、内部结构（衣片、裤片、裙片）和局部结构（领、袖、袋、带）设计，还包括服装的装饰工艺和制作工艺设计。设计时必须综合考察穿衣季节、场合、用途及穿衣人的体型、职业、性格、年龄、肤色、经济状况和社会环境等，以使服装不仅适合于穿着、舒适美观，同时符合穿衣人的气质性格特点。

服饰设计除了服装设计，还有附属装饰品设计。其中耳环、项链、别针和戒指等配饰在身上可与服装交相辉映，更加焕发服装的生命力。还有其他如帽子、手套、皮包和围巾等，除了发挥原有的实用价值外，更能突出发挥装饰的作用。

3. 纺织品设计

纺织品泛指一切以纺织、编织、染色、花边、刺绣等手法制作的成品。纺织品设计也叫纤维设计，一般包含纤维素材（纺织品）形成的设计和使用这种纤维素材的制品的设计两种，诸如西服料子、领带、围巾、手帕、帆布、窗帘、壁挂、地毯和椅垫等，选择何种材料、式样、色彩、质感等的设计，均称纺织品设计。它的历史非常久远，在世界各地区都具有各自浓郁的地方特色。作为设计的传统领域，现代纺织品设计在色彩、质地、柔感、图案与纹样的设计以及制品的种类与表现诸方面都取得了长足的发展。

纤维和纤维制品是人们制作日常用品的原材料之一，可以做成衣服和装饰配件穿戴在身上，也可以制作家具、日用器具（如椅子的座面和坐垫）等室内用品，还可做成床上铺盖物、墙面材料、窗帘布、壁挂等，在满足人们生活和美化生活空间方面起到了独特的作用。随着新的纤维材料和技术的发展，纺织品设计在人们生活中将会占有越来越重要的地位。

4. 交通工具设计

交通工具设计是满足人们"衣、食、住、行"中"行"的需要的设计，主要包括各类车、船和飞机设计。人类很早就设计发明了简单的舟船和有轮子的车，用于交通和运输，而飞机则是近代的产物。

以前人们"行"的目的，主要是从一个地点到达另一个地点，因而往往更注重交通工具的速度和安全。现代人的"行"不只是为了安全快速地到达目的地，有时甚至根本就不在意目的地是哪里，他们更在意的是"行"的过程中的自由舒适的感觉，而且，交通工具已经成为一个人财富和地位的象征所以，现代载人交通工具的设计，除关注安全和速度的设计以外，尤其注重舒适性的，更注重个性化、象征性的造型设计，以满足不同阶层人士的需要。

现代生活方式受交通工具设计的影响越来越大，地球日益"变小"也主要是得益于交通工具设计的不断进步，交通工具设计中的汽车设计是融入流行文化的流行设计。随着社会生活潮流的流行变换，汽车设计也跟着花样翻新，有时还扮演起社会时尚的引导者和新生活方式开创者的角色。

第三节 社会与自然——环境设计

一、什么是环境设计

在视觉传达设计、产品设计、环境设计、新媒介设计这四类设计中，环境设计与新媒介设计都是近年才逐渐形成的设计类型，它不同于20世纪初现代派艺术家在湖中筑起螺旋形防波堤、在峡谷中挂起幕布之类的环境艺术，它是工业化发展引起的一系列的环境问题，人类的环境保护意识加强以后，才逐渐产生的设计概念。最早是在日本，这个国土狭小、资源缺乏而又高度工业化的国家，环境问题尤其严重，因而那里的设计师首先意识到环境设计的重要性，在 1960 年日本东京举行的世界设计会议上，会议执委会中的"环境设计部"集中了城市规划、建筑设计、室内设计、园林设计等各个领域的专家，可见 20 世纪 60 年代的设计师已经意识到不局限于防止环境公害的环境设计概念。到了 80 年代，环境设计的观念已经被人们普遍认同。然而，至今国际上并没有对环境设计制定统一的定义，也没有严格地规定其设计范围。

一般地理解，环境设计是对人类的生存空间进行的设计，它与产品设计之间的区别是，环境设计创造的是人类的生存空间，而产品设计创造的是空间中的要素。

广义的环境，是指围绕和影响着生物体周边的一切外在状态，所有生物包括人类都无法脱离这个环境。然而，人类是环境的主角，人类拥有创造和改变环境的能力，能够在自然环境的基础上，创造出符合人类意志的人工环境，其中，建筑是人工环境的主体，人工环境的空间是建筑围合的结果，因而，协调"人—建筑—环境"的相互关系，使其和谐统一，形成完整、美好、舒适宜人的人类活动空间是环境设计的中心课题。

建筑一直是人类根据自己的需要，用以适应自然，塑造人工环境的基本手段。古典时期的建筑，常常是联系人体的比例进行设计的，例如古希腊的多立克柱式、爱奥尼亚柱式和科林斯柱式，都是人体形态的反映，文艺复兴时期的建筑师阿尔贝蒂从古罗马建筑师维特鲁威的书中继承了这一传统，并以四肢伸展的人体形象置于圆形与方形的正中，象征人是世界的中心以及人与环境的和谐关系。后来的达·芬奇也描画过这种形象。而到了工业革命，人类逐渐掌握了控制环境的材料与技术，从 1851 年的"水晶宫"展览馆开始，人类竭尽技术之所能，把建筑也推向了"工业化生产"。在过去一百多年的时间里建造的建筑，比以前所有史载时期建造的建筑还要多，建筑的集中形成了城市，城市化本来是人类文明的标志，然而建筑缺乏规划设计的急剧集中，却促成了城市的畸形发展，给人类带来了不利的一面：人口过密，交通挤塞，空气、水体与噪声污染严重，气候反常，人与自然被钢筋水泥的建筑隔离，人们生活节奏加快，易于疲劳、孤独，人际关系淡漠，人情失落……人们逐渐发觉，现在的建筑和其他人工因素塑造的环境，还有太多的缺陷，因而有必要建立"人—建筑—环境"相协调的的理念，也就是我们说的环境设计。

人是环境设计的主体和服务目标，人类的环境需求决定着环境设计的方向。当代人的环境需求，表现为回归自然、尊重文化、高享受和高情感的多元性、自娱性与个性化倾向：当代环境设计，理当以当代人的环境需求为设计创作的指导方向，为人类创造出物质与精神并重的理想的生活空间。

二、环境设计的类型

环境有自然环境与人工环境之分，自然环境经设计改造而成为人工环境。环境按空间形式可分为建筑内环境与建筑外环境，按功能可分为居住环境、学习环境、医疗环境、工作环境、休闲娱乐环境和商业环境等。而环境设计类型的划分，设计界与理论界都没有统一的划分标准与方法，一般习惯上，大致按空间形式，分为城市规划、建筑设计、室内设计、室外设计和公共艺术设计等。

（一）城市规划设计

作为环境设计概念的城市规划，是指对城市环境的建设发展进行综合的规划部署，以创造满足城市居民共同生活、工作所需要的安全、健康、便利、舒适的城市环境。

城市主要是由人工环境构成的。一个城市就好像一个放大的建筑物：车站、机场是它的入口，广场是它的过厅，街道是它的走廊，它实际上是在更大的范围为人们创造各种必需的环境。由于人口的集中，工商业的发达，在城市规划中，要妥善解决交通、绿化、污染等一系列有关生产和生活的问题。1950年前后，里约热内卢是巴西的首都，城市人口的高度集中使其染上了严重的城市病。为了改变巴西的工业和城市过分集中在沿海地区的状况，开发内地不发达区域，1956年，巴西政府决定在戈亚斯州的高原上建设新都，定名为巴西利亚，并由奥斯卡·尼迈耶担任总建筑师。巴西利亚的城市规划颇具特色，城市布局骨架由东西向和南北向两条功能不同的轴线相交构成，巴西利亚被誉为城市规划史上的一座丰碑，于1987年被联合国教科文组织收入《世界遗产名录》，是历史最短的"世界遗产"。城市规划必须依照国家的建设方针、国民经济计划、城市原有的基础和自然条件，以及居民的生产生活各方面的要求和经济的可能条件，进行研究和设计。

（二）建筑设计

建筑设计是指对建筑物的结构、空间及造型、功能等方面进行的设计，包括建筑工程设计和建筑艺术设计。建筑是构成人工环境的基本要素，建筑设计是人类用以构造人工环境的最悠久、最基本的手段，建筑的类型丰富多样，建筑设计也门类繁多，主要有民用建筑设计、工业建筑设计、商业建筑设计、园林建筑设计、宗教建筑设计、宫殿建筑设计、陵墓建筑设计等。不同类型的建筑，对功能、造型和物质技术要求各不相同，需要施以各不相同的设计。

建筑的功能、物质技术条件和建筑形象，即实用、坚固和美观，是构成建筑的三个基本要素，它们是目的、手段和表现形式的关系。建筑设计师的主要工作，就是要完美地处理好这三者之间的关系。

建筑历来被当作造型艺术的一个门类，事实上，建筑不是单纯的艺术创作，也不是单纯的技术工程，而是两者密切结合、多学科交叉的综合性设计。建筑设计不仅要满足人们对建筑的物质需要，也要满足人们对建筑的精神需要。从原始的筑巢掘洞，到今天的摩天大楼，建筑设计无不受到社会经济技术条件、社会思想意识与民族文化，以及地区自然条件的影响，古今中外千姿百态的建筑都可以证明这一点。

当代的建筑设计，既要注重单体建筑的比例式样，更要注重群体空间的组合构成；既要注重建筑实体本身，更要注意建筑之间、建筑与环境之间"虚"的空间；既要注重建筑本身的外观美，更要注重建筑与周边环境的协调配合。1962年，日裔美国建筑师雅马萨奇·山崎实（Minoru Yamasaki）为西雅图世博会设计的联邦科学馆便实现了建筑与环境的和谐。科学馆采取了建筑物环绕院落布置的方式，不同于传统展览建筑的集中式布局，并且在院落中间设置水面，以雕塑花环绕着水面，颇有东方园林建筑的意境。

（三）室内设计

室内设计，即对建筑内部空间进行的设计。具体地说，是根据对象空间的实际情形与使用性质，运用物质技术手段和艺术处理手段，创造出功能合理、美观舒适、符合使用者生理与心理要求的室内空间环境的设计。

室内设计是从建筑设计中脱离出来的设计，室内设计创作始终受到建筑的制约，是"笼子"里的自由。因而，在建筑设计阶段，室内设计师就应该与建筑设计师通力合作，为室内设计师留下更广阔的创意空间。室内设计不等同于室内装饰。室内设计是总体概念，室内装饰只是其中的一个方面，它仅指对空间围护表面进行的装点修饰。

室内设计大体可分为住宅室内设计、集体性公共室内设计（学校、医院、办公楼、幼儿园等）、开放性公共室内设计（宾馆、饭店、影剧院、商场、车站等）和专门性室内设计（汽车、船舶和飞机体内设计）。类型不同，设计内容与要求也有很大的差异。然而，不管是何种类型的室内设计，皆是以满足人们的精神生活和物质生活要求为目的，并力求达到使用功能和视觉效果的完美统一。1994年，荷兰建筑师雷姆·库哈斯便为因车祸而需常年坐轮椅的业主设计了波尔多住宅，该住宅最大的特色在于房屋中央设置了一个升降平台，由机器驱动，类似电梯，但采用开放式设计，结合男主人日常工作的特点，既是他上下楼的工具，也是他的活动工作台。

（四）室外设计

室外设计泛指对所有建筑外部空间进行的环境设计，又称风景或景观设计，包括园林设计，还包括庭院、街道、公园、广场、道路、桥梁、河边、绿地等所有生活区、工商业区、娱乐区等室外空间和一些独立性室外空间的设计。随着近年公众环境意识的增强，室外环境设计日益受到重视。

室外设计的空间不是无限延伸的自然空间，它有一定的界限。但室外设计是与自然环境联系最密切的设计，"场地识别感"是室外设计的创作原则。室外设计必须巧妙地结合利用环境中的自然要素与人工要素，创造出融于自然、源于自然而又胜于自然的室外环境。相比偏重于功能性的室内空间，室外环境不仅为人们提供广阔的活动天地，还能创造气象万千的自然与人文景象。室内环境和室外环境是整个环境系统中的两个分支，它们是相互依托、相辅相成的互补性空间。因而，室外环境的设计，还必须与相关的室内设计和建筑设计保持呼应和谐、融为一体。

室外环境不具备室内环境稳定无干扰的条件，它更具有复杂性、多元性、综合性和多变性，自然方面与社会方面的有利因素与不利因素并存。在进行室外设计时，要注意扬长避短和因势利导，进行全面综合的分析与设计。日本设计师安藤忠雄于 20 世纪 80 年代末设计的"教堂三部曲"，其中"水之教堂"以"与自然共生"为主题，充分利用了室外环境，使教堂与大自然浑然一体。

（五）公共艺术设计

公共艺术设计是指在开放性的公共空间中进行的艺术创造与相应的环境设计。这类空间包括街道、公园、广场、车站、机场、公共大厅等室内外公共活动场所。所以，公共艺术设计的范围在一定程度上是和室内设计与室外设计的范围重合的。但是，公共艺术设计的主体是公共艺术品的创作与陈设，现代公共艺术设计，正是兴起于西方国家让美术作品走出美术馆、走向大众的运动。

一个城市的公共艺术，是这个城市的形象标志，是市民精神的视觉呈现，它不仅能美化城市环境，还体现着城市的精神文化面貌，具有特殊的意义。理想的公共艺术设计，需要艺术家与环境设计师的密切合作。艺术家擅长艺术作品的创作表现，设计师擅长对建筑与环境要素的把握，从而设计出能突出艺术作品特色的环境。此外，作为艺术作品接受者的公众，同时也是作品成功与否的最后评判者。因而，公共艺术的设计创作，不能忽视公众参与的重要性和必要性。1982 年，美籍华裔建筑师林理所设计的越战纪念碑正式面向公众开放，越战纪念碑由黑色花岗岩所砌成的 V 形碑体构成，总长达 152.4 米，碑体上雕刻着 57000 多名在 1959 年至 1975 年越南战争中阵亡的美军的名字，V 形的碑体像一道"伤疤"，分别向两个方向延伸，指向林肯纪念堂和华盛顿纪念碑，通过借景，时时刻刻点明纪念碑与这两座象征国家的纪念建筑之间的密切联系。

以上对设计进行的类型划分，并不是绝对的、最后的划分，在社会、经济和技术高速发展的今天，各种设计类型本身和与之相关的各种因素都处在不断的发展变化中，比如视觉传达设计中的展示设计，也充分利用了听觉传达、触觉传达，甚至嗅觉传达和味觉传达的设计；建筑物中非封闭性的围合，出现了长廊、屋顶花园、活动屋顶的大厅等难以区分室内还是室外的空间。此外，许多设计概念的内涵和外延都还模糊不清，在设计界和理论界，都还没有最后给予确切的定义和界定。比如：有的专家主张把"工业设计"单列出来，作为与三大领域并列的第四大领域；有的专家认为 CI 设计可以作为一个新的完全独立的设计领域；有的认为园林设计应该自成一体而不属于室外设计等，诸如此类的问题不在少数，这些问题的出现，对于设计学这门新兴的、正在发展中的综合性学科来说，是难以避免的，也是必然要经历的过程。随着设计实践的发展和学科研究的深入，相信这些问题最终会在理论和实践的双重层面上得到解答。

第四节　新媒与网络——信息与交互设计

一、"新媒介"

在论及这个时代出现的"新媒介"之前，有必要说明一下，所谓"新媒介"的"新"只能是相对意义上的，正如我们所熟知的电视、电话、广播、电报等旧媒介，在它们初现之时也被认为是新媒介；同样，今日我们认为是新媒介的事物，在若干年后也将被视作旧媒介，罗伯特·洛根（Robert K.Logan）指出，现在所谈及的"新媒介"，多是指互动媒介（Interactive media），与没有计算的电话、广播、电视等旧媒介相较而言，它具有双向传播的特点，同时也涉及计算，倚重于计算机的作用，新媒介形成了一种新型的文化形态，包含了诸如互联网、移动设备、虚拟现实、电子游戏、电子动漫、数字视频、电影特效、网络电影等方面。罗伯特·洛根还为新媒介下了一个比较保守的定义，他认为新媒介是被动型的大众媒介，"新媒介"是个人使用的互动媒介。所以，新媒介的参与者不再是被动的信息接收者。而是内容和信息的积极生产者。而伴随着新媒介而生的新媒介设计既是以新媒介的技术为依托，同时也以更完善地实现其互动性能为目的。

二、互联网

马歇尔·麦克卢汉认为，任何系统发生突变最常见的原因之一，就是与另一个系统的"异体受精"，例如印刷术与蒸汽印刷机的结合，广播和电影的结合。而作为现代生活中必不可少的互联网，正是计算机技术和通信技术结合所带来的革命性成果。最初的互联网由服务于美军的科学家所组建，设计的目的是支持美国的通信系统，以防遭俄国核攻击时通信系统会严重受损。1974 年，罗·伯特·卡恩（Robert Kahn）和文顿·瑟夫（Vinton Cerf）提出互联网协议族（Internet Protocol Suite），定义了在电脑网络之间传送报文的方法。互联网协议族通常被简称为"TCP/IP 协议族"，因其两个核心协议分别为 TCP（传输控制协议）和 IP（网际协议）。1986 年，美国国家科学基金会创建了大学之间互联的骨干网络"美国国家科学基金会网络"（NSFnet），到了 1994 年，该网络转为商业运营。1995 年，随着网络开放并商业化，互联网成功地接入了其他比较重要的网络，包括新闻组（Usenet）、因时网（Bitnet）和多种商用网络。自此，整个网络向公众开放；1991 年 8 月，蒂姆·伯纳斯—李（Timothy John Berners–Lee）在瑞士创立了超文本标记语言（Hyper Text Markup Language，简称 HTML）、超文本传输协议（Hyper Text Transfer Protocol，简称 HTTP）和欧洲核子研究中心（European Organization for Nuclear Research）的网页后，便开始宣扬他的万维网项目。1996 年，"互联网"一词被广泛地流传，不过指的是几乎整个万维网。值得注意的是，万维网并不等同于互联网，万维网只是互联网所能提供的服务中的一项，是靠互联网运行的。

由蒂姆·伯纳斯—李所开发的万维网浏览器（World Wide Web）是世界上第一个网页浏览器及网页编辑器，后来，为了避免与万维网混淆而改名为"链接"（Nexus）。它的导航只有"返回""上一步"以及"下一步"三个按钮，同时还兼具了编辑器的功能。1991 年，由加州伯克利大学 XCF 研究小组的成员魏培源（Pei-YuanWei）所创建的 ViolaWWW 浏览器是万维网史上第一个流行的浏览器，于 1992 年 5 月发布，这款浏览器首次出现了上一页（Backwards）和下一页（Forwards）的按钮，日后大多数浏览器都继承了这个设计。1993 年，NCSAMosaic 网页浏览器 Mosaic1.0 版本发布，取代了 ViolaWWW 浏览器的常用位置。Mosaic1.0 是第一个可以同时显示文字和图片，而不是在单独的视窗中显示图片的网页浏览器。

万维网使个人瞬时获得海量信息成为可能，而搜索引擎的出现，则促使这一过程更加便捷。最早的计算机搜索工具 Archie 出现在万维网之前，目的是查询散布在各个分散的主机中的文件，并不能获取诸如网页等其他类型的文件资源，因此它其实是世界上第一个文件传输协议（File Transfer Protocol）的搜索引擎。

目前，互联网上存在着许多搜索引擎，多是在 20 世纪 90 年代所创立的。其中最流行的浏览器之一的谷歌（Google）便创立于 1998 年。早在 1996 年，加州斯坦福大学理学博士生拉里·佩奇（Larry Page）和谢尔盖·布林（Sergey Brin）便在学校开启一项关于搜索的研究项目，研发出名为"Back Rub"的搜索引擎，后改名为"Google"，区别于传统的搜索技术靠搜索字眼在页面中出现次数来进行结果排序的方法，谷歌是通过对网站之间的关系做了精确分析，采用网页排名（PageRank）技术体现网页的相关性，和重要性网页排名的算法为用户提供一把潜在的标尺，网页的潜在价值由其流行程度来决定，其精确度胜于当时基本的搜索技术。

三、个人化

被公认为世界上第一台通用计算机的伊尼亚克（ENIAC）能够编程、解决各种计算问题，美国陆军的弹道研究实验室以其来计算火炮的火力表。与机电式机器相比，伊尼亚克的计算速度提高了一千倍，可谓是前所未有的。所以，在 1946 年年初公布之时，它便被当时的新闻赞誉为"巨脑"。当时，谁都无法设想，在还不到 40 年的时间里，原来占地 170 平方米、重达 30 吨的大型计算机竟然缩小到能够为每一个个体所独有，那便是由国际商业机器股份有限公司（IBM）所推出的型号为 IBM5150 的"个人电脑"（PersonalComputer）。在 IBM5150 出现的六年前，IBM5100 便携式计算机便已面世，它由键盘、12.7 厘米 CRT 显示器、磁带驱动器、处理器、包含系统软件的储存器等部件组成，重约 25 千克，但仅一个小手提箱的大小，可以随意携带收纳。然而，由于运用了当时最领先的技术，IBM5100 定价极高，只有很少数的消费者能够接受。而 IBM 传统的设计方法无法用来设计廉价的微型计算机，这一矛盾造成 IBM5100 于 1982 年 3 月便宣布停产。因此，IBM 决定破例设置一个特别小组，并受命绕过公司的规则生产市场产品，这个项目的代号叫"象棋项目"（Project Chess），由唐·埃斯特利奇（Don Estridge）领导，IBM5150"个人电脑"由此诞生，计算机开始进入个人化时代，正如IBM5150一样，后来的个人计算机不仅适用于办公室，也适用于家庭，既能帮助工作，也可以进行娱乐活动。而个人计算机与互联网的结合，使得每一个个体都能够进入全球网络的中心，只要接入互联网，所有人都拥有搜索、阅读、掌握信息的机会，并可根据个人的需求及喜好来自主选择。便携式计算机使用户的工作、学习环境不再受到局限，只要利用互联网便可以与世界各地的人进行交流，既可进行商务活动，也可利用网络学校接受教育。

平板电脑（TabletComputer）是个人电脑的延伸，它是一种小型的、方便携带的个人电脑，以触摸屏代替键盘和鼠标作为基本的输入设备，用户通过触控笔或手指来进行触控、书写、缩放图像等动作，或者通过语音辨识和外接键盘进行操作。第一台面向消费者的平板电脑是1989年由三星电子公司和GRiD系统公司制作的GRiDPad，它采用了与当时个人电脑相同的MS-DOS操作系统，拥有25.4厘米的屏幕和精确的手写识别能力。2002年，因微软公司大力推广其Windows XP Tablet PC Edition系统，平板电脑逐渐流行起来。此前平板电脑只在工业、医学和政府等领域拥有市场，而进入2000年后用户群开始扩大到学生及其他专业人群。在21世纪初的前十年，平板电脑的操作系统多以Windows系统为主，与普通的个人电脑相差无二，这是微软公司为了提高平板电脑的性能，将个人电脑级别的内存和中央处理器都运用到其中，造成了操作上的不轻便。直到2010年1月，苹果公司发布了iPad，运用自家研发的iOS系统，从操作系统到硬件设备都向智能手机方向优化，并且重量较轻、体形较薄，携带更为方便。iPad内置无线网络基本功能包括录影、拍照、播放音乐、浏览网页等，还可从苹果自营的网上应用程序商店下载安装专为iPad设计的应用程序（App），以扩展其功能，其便捷性和趣味性引发了平板电脑的购买热潮。

从某种程度而言，iPad是一个扩大版的iPhone手机，只是缺少了手机的部分通信功能，这也证明了智能手机与电脑之间的界限越来越模糊。众所周知，手机最基本的功能是电话的延伸，手机这一媒介出现之后，电话线传输信息的模式就被无线传输取代了。后来的手机增添了短信、电子游戏、照相和接入互联网等功能，担任通信工具之余也满足用户部分的娱乐需求。而今日的智能手机则融合了许多媒介，除具有最基本的电话功能外，还能充当照相机、音频/视频播放器、计算机，还能提供合乎个人趣味的音乐、视频以及读物，从用户开始利用在线应用程序商店选择下载，到在各个应用程序中订阅内容这一过程，使用户从大量的信息流中找到满足个人化需求的信息，是极其私人的个人选择过程。正如罗伯特·洛根所言，手机已经变成一种全功能、移动性的手持计算机终端，能够生产、传输和接收各种形式的数字化信息。智能手机已经改变了社会原有的交流互动性质，甚至正在成为人类的"义肢"。

四、阅读的载体

新媒介的产生挑战了旧有的阅读方式，文字的载体不再局限于传统的书面媒介，而是通过数字化以多种形式出现，电子书便是其中之一。1971 年，米迦勒·哈特（Michael Stem Hart）启动谷登堡工程（Project Gutenberg），由志愿者参与，致力于将文学作品进行数字化并归档，同时鼓励创作和发行电子书的优势在于更便宜、更容易获取和搜索，有利于长期保存，可在各种计算机上阅读。从环保的角度而言，电子书不需要纸张，占据较少的空间与资源。

1998 年，第一款手持电子阅读器火箭（Rockete Book）问世，采用液晶显示器并能够存储 10 本左右的电子书。在此之前，电子书只能通过计算机阅读，而此后可通过便携的移动工具阅读。电子书市场的结构也开始发生转变，2006 年，索尼公司运用电子墨水公司（EInk Corporation）的电子墨水技术生产了索尼阅读器，其大小与平装书本接近，大约能储存 80 本书，索尼公司开设网上书店提供图书下载，其售价低于印刷书的价格，并且省去邮寄的费用，《华盛顿邮报》报道为"出版业的数字革命翻开了新的一页"2007 年，亚马逊公司（Amazon.comInc）推出第一代 Kindle 阅读器，同时推出 10 万种电子图书提供下载，其中包括经典文学作品与各类畅销书，很大程度上满足了消费者的需求。而今，Kindle 阅读器已发展成为一个系列，大部分采用十六级灰度的电子纸显示技术，能在最小化电源消耗的情况下提供类似纸张的阅读体验。

新媒介也为新闻的获取开辟了许多新渠道。随着信息爆炸时代的到来，网络新闻的选择性、多样性与即时性都远胜于传统的报纸媒介。搜索引擎在完成其搜索任务之余也为用户提供新闻，除了每日热点，它们也选择符合用户兴趣的新闻，根据用户的需要，每天、每周或每月更新提醒。此外，新闻阅读器（feedreaders）、新闻聚合器（feedaggregators）还为用户从分散的源头搜集新闻，并提供对同一新闻的不同观点等内容。它们可能通过软件应用程序、网页等渠道来呈现，而目前最常见的是用户通过手机等移动设备来实现阅读，诸如微软2016 年面向 iOS 系统所推出的新闻聚合软件"News Pro"，便向用户展示时下最热门的文章或来自必应新闻（bingnews）的"新闻要点"，新闻聚合器自动更新内容，节省用户的时间和精力，用户通过订阅来组合、更新自己感兴趣的内容，能够创建自我的信息空间。

许多为用户提供免费内容的网络服务公司，他们的收入多来源于广告。互联网上的广告近年来越来越活跃，2008 年全世界网上广告的收入达 650 亿美元，占全部广告收入的 10%。谷歌 2006 年的全年广告收入达 104.92 亿美元，而其他的收入只有 1.12 亿美元。网络广告吸引广告商的地方在于，成本相对低廉，更容易瞄准目标用户，毕竟用户常访问的网站也揭示了他们的兴趣及需求。广告商为用户的点击次数进行付费，凭借互联网的互动性，他们可以从中了解广告的真实效果，比传统的广告方式更为直观，谷歌经营两个广告软件：谷歌广告圣和谷歌广告词，使得它在营销领域也大获成功。它的手段也正是新媒介广告应该注意的诀窍所在：广告瞄准目标用户，瞄准相关度高、营利的领域，同时借用人工智能技术，并利用自身开发的全部工具。

五、消费与娱乐

20世纪50年代，美国曼哈顿信贷专家麦克纳马拉（Frank X.McNamara）因一次在饭店用餐忘了带钱的狼狈经历，使他与其商业伙伴组织了"大来俱乐部"（Diners Club），推行世界上第一张由塑料制成的信用卡，会员带着该卡到指定的27间餐厅就可以记账消费，其过程不需要现金参与，这便是大来国际信用卡公司（Diners Club International）与大来卡的前身。1952年，美国富兰克林国民银行首先发行信用卡，揭开了信用卡时代的序幕，其他美国银行紧随其后。信用卡问世之后，货币便从有实际形态的纸币变成了纯数字信息，而互联网与万维网的参与，更促成了电子商务的产生，实现了足不出户也可完成商业交易的目标。

总部位于美国西雅图的跨国电子商务企业亚马逊公司，可以说是目前全球最大的互联网线上零售商之一，其业务起始于线上书店，不久之后商品走向多元化，涵盖了计算机软件、运动用品、珠宝、乐器、家具等领域，除了美国之外，还开拓了英国、法国、日本、中国、印度、澳大利亚等其他国家的网络零售市场。亚马逊公司的成功归功于其经营秘诀。作为首家实施加盟业务的电子商务企业，它与诸如博德斯（Borders.com）、HMV音乐公司（HMV.com）、沃登书屋（Waldenbooks.com）等著名的公司和百万加盟者保持加盟业务关系，这便占其总成交量的40%。此外，亚马逊网站还推行顾客打分定级制和为产品线实施云计算，既给予合作公司准确的反馈，也将自身多余的计算能力转变为收入。另外，创立于1999年的阿里巴巴集团（Alibaba Grop），是一家提供电子商务在线交易平台的中国公司，业务包括企业间电子商务贸易、网上零售、购物搜索引擎、第三方支付和云计算服务，旗下的淘宝网和天猫在2012年的销售额达到1.1万亿元人民币，被2013年3月出版的《经济学人》杂志评价为"世界上最伟大的集市"。由此可见，网络电子商务的出现正在默默地改变用户的消费习惯。

聆听音乐、观看电影等司空见惯的娱乐活动也借用新媒介为用户实现了前所未有的体验。20 世纪 90 年代，存储数码数据的 CD 光盘取代唱片成为录制音乐和存放音频的主要媒介。然而，CD 光盘的有限寿命成了它的局限，MP3 播放器的出现让 CD 光盘不再是唯一的音乐配置媒介，并且更具便捷性与持久性，MP3 播放器的格式把数字音频轨道变成计算机数据文档，使音频能在互联网上传播分享，虽然它的目的是大幅降低音频数据量，但其音质仍能满足普通用户的听觉需求。由苹果公司设计和销售的 iPod 播放器也是一款便携式多功能数字多媒体播放器，它几乎包含了 MP3 播放器的一切功能，并且还兼容其他许多格式的音频，同时具备文件存储、显示文档等功能。2004 年 1 月，iPod 成为全美国最受欢迎的数码音乐播放器，占领了 50% 的市场份额。2007 年，苹果公司推出 iPod Touch，它拥有触摸屏，除了能够播放音频与视频之外，同时也配有无线网络功能，并可以运行 Safari 浏览器，是第一款可通过无线网络连上 iTunes Store 的 iPod 产品。

对于电影领域而言，互联网既为其开辟了更为便捷的宣传通道，也增加了被盗版的风险。同时，视频共享网站 YouTube 所提出的"播放你自己"的口号催生了个人制作视频的新现象。YouTube 创办的初衷是方便家人、朋友之间分享自己录制的视频，后来逐渐变成用户的资料存储库和作品发布场所。电子游戏吸收电影的虚拟现实形式，运用数码特效和数码动画等技术实现人机互动。最早的电子游戏是一款由示波器实现的互动式乒乓球游戏，1958 年由物理学家威里·希金伯滕（Willy Higinbotham）所开发的电子游戏发展至今日，互动方式与呈现效果都前所未有的丰富。2006 年，由任天堂公司推出的家用游戏主机 Wii 号称"电视游戏的革命"，它拥有独特的控制器使用方法，可提供购买下载游戏软件、生活信息内容、连接网络等各项服务，用户使用其遥控器玩类似虚拟网球一类的游戏，能让人身临其境，感觉真的在进行网球运动。另一种更受年轻人欢迎的电子游戏形态是用软件在电脑上玩的游戏，有单机游戏和网络游戏两种形式，能够实现个人冒险或与全世界各地的游戏人结盟或对抗的目的。

有评论家批评游戏会影响年轻人，令他们虚度光阴，而罗伯特·洛根却认为，新媒介的电子游戏因其互动性而有助于用户认知能力的发展，能够在掌握复杂的技术系统的同时锻炼用户数学、逻辑等技能。

第四章 设计史的前缘与诞生

本章内容主要从设计史的前缘和设计史的诞生两个方面进行了阐述。设计史脱胎于美术史，我们不可能不以美术史研究的基础作为设计史研究的开始。通过对美术史的了解，我们能够对设计史有进一步的深入认识。

第一节 设计史的前缘

19世纪美术史的两位巨人戈特弗里德·桑佩尔（Gottfried Semper，1803—1879）和阿洛伊斯·李格尔（Alois Riegl，1858—1905），在美术史领域做出的卓有成效的研究，给20世纪的学者最终将设计史从美术史中分离出来奠定了坚实的基础。

戈特弗里德·桑佩尔是德国建筑师、作家，他是将达尔文进化论运用于美术史研究的第一人。他在I860年至1863年对建筑和工艺做了系统的和高度类型化的研究，出版了极富思辨性的两卷本巨著《工艺美术与建筑的风格》（1860—1863）。在该著作中，戈特弗里德·桑佩尔讨论了纺织品、陶制品、挂毯、砖石建筑和金属制品的发展，认为工匠们创造的装饰形式早于建筑的装饰，并着重探讨装饰与功能之间的适当联系。在艺术史观上，桑佩尔认为艺术是生物性的功能组织，从远古至当代的艺术的历史则是一个连续的、线性的发展过程；而风格的定型和变化又是由地域、气候、时代、习俗，更重要的是由材料和工具等各种因素所决定的，他的这种美学材料主义影响了欧洲许多美术史家和建筑家。他强调艺术变化的原因来自环境、材料和技术，这直接导致现代设计史研究的先驱吉迪恩写成著名的《空间、时间与建筑：新传统的成长》。

戈特弗里德·桑佩尔从功能、材料与技术的发展入手，试图从历史的角度探讨艺术品——在他那里主要是建筑与工艺——的历史及风格，由此在艺术史研究中第一次树起了艺术材料主义的大旗；更由于他通过对材料和技术的研究而将传统上分属于大艺术和小艺术的建筑和工艺作了并置的研究，这无疑为后来研究者冲破大艺术与小艺术的传统樊篱，在美术史研究的领域提高了小艺术的地位并使之进入研究的领域迈出了具有历史意义的一步。戈特弗里德·桑佩尔关于材料在建筑和工艺美术中的重要性的理论也使他成了现代美术运动的先驱，但也正是他所提倡的这些机械的材料主义理论受到了来自李格尔的批评。

阿洛伊斯·李格尔是奥地利美术史家，在1887年至1897年的10年间一直任奥地利美术与工业博物馆纺织品部主任，这个职务使他有机会接触到丰富的工艺珍品。1893年，阿洛伊斯·李格尔出版了被认为是有关装饰艺术历史的最重要著作——《风格问题》。这部著作的重要之处在于，阿洛伊斯·李格尔认识到装饰艺术研究是一门严格的历史科学，这一认识对后世学者将设计作为一门历史科学来研究有着根本性的启发。比戈特弗里德·桑佩尔更进一步，阿洛伊斯·李格尔最终从价值上完全打破了大艺术与小艺术的分界，将对传统小艺术的研究提高到了显学的地位。

《风格问题》一书的副标题为"装饰历史的基础"，因为在阿洛伊斯·李格尔之前并没有人对装饰做过历史的研究。而戈特弗里德·桑佩尔试图用技术与材料理论解释早期装饰及艺术形式起源的做法又遇到挑战，因为当时的理论家们已经证明相同的艺术形式及早期装饰可以采用不同的技术和材料，这点便足以反驳机械的材料主义理论。阿洛伊斯·李格尔正是要通过对装饰的历史研究来进一步说明机械材料主义美学的疏漏，并强调艺术作为一门心智的学科所必然有的精神性，阿洛伊斯·李格尔将这种精神性称之为"自由的、创造性的艺术冲动"，即"艺术意志"（Kunstwollen）。将装饰艺术作为研究对象，阿洛伊斯·李格尔试图针对戈特弗里德·桑佩尔及其追随者说明艺术品是一种创造性的心智成果，是积极的、源于人的创造性精神的物质表现，而不是像戈特弗里德·桑佩尔的追随者所认为的是对技术手段或自然原型的被动反应。艺术设计无疑要服从媒质和技术的多样可能性和要求，但李格尔总是坚持创造性的自主和选择的原则，认为这是艺术活动的根本所在。

戈特弗里德·桑佩尔对装饰风格的功能及材料与技术的机械材料主义的阐述，及其引起的争辩导致阿洛伊斯·李格尔在装饰研究方面系统地表明自己以艺术意志为核心的形式主义立场，这给后世学者针对设计的功能性与审美性的探讨奠定了完备的理论基础。正是基于这个，才出现了 20 世纪的现代主义设计史家尼古拉斯·佩夫斯纳和西格弗里德·吉迪恩。

第二节　设计史的诞生

尼古拉斯·佩夫斯纳（Nikolaus Pevsner，1902—1983）曾担任英国美术史协会主席，在其 1933 年从德国移居英国之前所做的社会美术史研究中，就已经孕育了对现代设计的倡导；他在 1936 年出版的《现代运动的先锋》，1949 年再版时易名为《现代设计的先锋》，这一改变表明他把整个现代艺术运动看作"现代设计"。的确，该著作为现代设计的宣言书一直是西方所有设计专业学生所必读的。作为美术史家，他不仅通过《现代设计的先锋》开了设计史研究的先河，更重要的是他通过这部著作在公众的心目中创造了有关设计史的概念，进而影响了公众对于设计的趣味和观念。二战后，身为美术史界最高荣誉的剑桥大学斯莱德（Slade）美术讲座教授，尼古拉斯·佩夫斯纳不仅担任当时世界上最大型的美术史丛书"塘鹅美术史丛书"的主编，而且继续从事设计史研究，其中最为重要的著作包括《现代设计的源泉》和《关于美术、建筑与设计的研究》。

尼古拉斯·佩夫斯纳从社会美术史研究出发，最终将设计史独立出来而开展专项研究，其所坚持的研究角度不仅影响了包括弗兰西斯·哈斯克尔（Francis

Haskell，1928—2000）在内的一大批国际著名的美术史家，更直接影响了像阿德里安·福蒂这样的设计史家。前者关于赞助人与艺术家的研究至今都为学者们称道，并直接影响西方汉学界对中国美术史的研究路径；而后者对设计与社会的研究完全可以被看作对尼古拉斯·佩夫斯纳思想的发展。此外，尼古拉斯·佩夫斯纳将类型研究引进设计史，使得当今各种专门设计史研究如家具设计史、建筑设计史、服装设计史，甚至瓷片设计史、菜单设计史、海报设计史、明信片设计史等进入一种新的研究境地，从而大大地拓展了研究者的视野。作为设计史研究的先行者，尼古拉斯·佩夫斯纳向我们说明了既要对设计史作专项研究，更要使这种专项研究建立在美术史、科技史、社会史、文化史研究的基础之上。这是因为设计本身就是社会行为、经济行为和审美行为的综合。

另一位设计史研究的开创者西格弗里德·吉迪恩（Sigfried Giedion，1888—1968）也是美术史家，他曾直接受业于著名的美术史家海因里希·沃尔夫林（Heinrich Wolfflin，1864—1945）。沃尔夫林对美术作品所作的形式分析以及对"无名的美术史"的提倡，深深地影响了他的这位学生，使得吉迪恩后来致力于研究"无名的技术史"，坚持认为"无名的技术史"与"个体的创造史"具有同样重要的地位，都应当受到历史学家的关注。1948年，西格弗里德·吉迪恩出版了他的设计史名著《机械化的决定作用》。在书中，西格弗里德·吉迪恩强调现代世界及其人造物一直受到科技与工业进步的持续影响，对设计史的研究应当引入更为广阔的文化研究方法。

西格弗里德·吉迪恩在该书中做了一个令人耳目一新的个案分析：他仔细考察了芝加哥屠宰场的发展历史，并提出建议将屠宰场的传送带引进到现代工业中去，而当代工业中传送带的运用与他的考察有着直接的关系。吉迪恩还对弹簧锁和柯尔特自动手枪做过认真的个案考察，他的独特的研究方式至今仍影响着西方学术界对设计史的研究。因此，西格弗里德·吉迪恩与尼古拉斯·佩夫斯纳一道被称为"西方设计史之父家"。

1977年，英国成立了设计史协会，这标志着设计史正式从装饰艺术史或实用美术史中独立出来而成为一门新的学科。从设计史诞生至今，西方设计史研究可以被分为四个阶段。第一个阶段是以佩夫斯纳为代表的参考美术史，按照代表作品和代表人物进行研究，如佩夫斯纳的《现代设计的先驱》。第二个阶段是强调设计的"无名史"，关注对象由生产者转向生产方式。设计史学者试图改变设计史论研究第一阶段的研究思路，这方面的著作并不多。代表人物吉迪恩致力于研究"无名的技术史"，坚持认为"无名的技术史"与"个体的创造史"具有同样重要的地位，都应当受到历史学家的关注。1948 年，吉迪恩出版了他的设计史名著《机械化的决定作用》。再如伯纳德·鲁道夫斯基（Bernard Rud of sky）的《没有建筑师的建筑》《奇妙的建造者》，它们关注无名建筑师的作品。第三阶段则开始关注日常生活，开始关注女性。比如大卫·瑞兹曼（David Raizman）的《现代设计史》，其中对社会、文化、生产的整体把握相当不错。还有英国著名的设计史学者彭妮·斯帕（Penny Sparke）写的一系列著作《设计百年——20 世纪现代设计的先驱》《大设计——BBC 写给大众的设计史》《唯有粉红：品味的性别政治》可以看到西方设计史进入第三个阶段的状态，关注日常生活，关注女性。如果对西方社会思潮、哲学思潮有所了解就可以看出，设计学界的这些变化是受到了整个西方文化思潮、哲学思潮的影响。如对女性主义设计的关注实际上是西方女性主义、女权主义运动的必然结果，这也从一个侧面反映了设计与社会文化的关系。第四个阶段，也就是现在，"西方中心论"被打破，全球设计史开始逐渐为全世界的学者所重视。比如，美国当代著名史学家维克多·马格林教授的《世界设计史》开始破除西方中心论，关注亚洲、非洲，尤其是关注中国设计。

　　1987 年成立了"中国工业美术协会"（后改为"中国工业设计协会"）。当时中央工艺美术学院的辛华泉以及策划和筹备中国工业设计协会的一批专家学者，如张福昌、吴静芳、王受之、尹定邦等，都在翻译外国设计史及其设计发展的动态方面做了大量工作。翻译出版的各类设计史著作已经上百种，早一点的如英国学者尼古拉斯·佩夫斯纳著，汪坦主编，王申祜译的《现代设计的先驱者——从威廉·莫里斯到格罗皮乌斯》，近一点的如美国学者大卫·瑞兹曼著，王栩宁等译的《现代设计史》，美国学者马格林著，王树良等译的《世界设计史》等；中国学者撰著的如王受之先生编著的《世界现代设计史》，何人可先生撰写的《工业设计史》等。其后，随着中国设计教育的发展，设计史著述日趋丰富。

第五章　设计的审美与设计美

本章的主要内容是设计的审美与设计美，从设计的审美不同于一般所指的审美角度展开，结合设计的功能美、形式美、技术美、意境美四方面进行阐述。

第一节　设计的审美

设计审美不同于一般的审美，不是被动的感知，而是一种主动积极的审美感受；既不是对世界的纯科学的理性认识，也不是对世界的功利需要；而且由沉淀着理性内容的审美感受经过感知、想象，主动接受美的感染，领悟感情上的满足和愉悦，在设计审美中展示自身的本质力量。设计审美的主体是个人与群体，有设计师也有大众。设计审美对象即设计成果，设计活动既要按照美的规律，又要根据人的审美需求去创造，它涉及社会、文化、经济、市场、科技乃至政治等诸多方面的因素，其审美标准也随着这诸多因素的变化而改变。这一切决定了设计审美特征的多元化，使设计审美始终处于一种动态的变化中。

1. 设计审美的创新性

自古以来，创造性的设计源于设计师个性鲜明而合理的创意。对设计师而言，创意是他的审美观和设计观的具体体现。追求美是设计师的共性，成熟的或者说具有设计风格的设计师不断调整、完善，相对地确定其审美观和设计观，并且将他们思想和主张渗透到自己的设计中。设计师应当注意分析社会的审美动向，了解不同社会集群的人们的审美趣味、审美理想等审美心理的特征，找出其共性，努力把握社会审美意识的主导性倾向，以自己的设计体现积极向上的审美趣味。要做到这些，设计师必须同时注重自我审美教育，不断提高自己的美学修养和建立健康向上的审美人格。真正优秀的设计在审美趣味上应当是能为大多数人所接受又具有积极引导性质的。

创造性是区分一件真正意义上的设计作品与一件仿制或者复制品的决定因素。在设计中，创造和创新则是作为一种审美特征出现。现代人求新求异求变的心理需求日益增长。人们对其是否有独创性这一特征越来越注重，最终上升为一种审美理念——创新。创造性作品是设计师创造力和创造性思维的物化形式，所以要求作品具有创造性，实则是要求设计师具备创造性思维。一件优秀作品要被人们判断为具有独创性必须符合两个条件：它应当在被研究的特定分类中是独特的；它必须在某种程度上适应现实，也就是说在某些方面具有适合研究的问题。设计的审美要求创新，创造能力的大小或者说创造潜能的发挥程度是鉴别优秀的设计师与一般的设计人员的重要标准之一。对设计作品而言，个性与独创性永远是设计艺术的灵魂。对设计的任何创新及其结果都要同时进行适应现实与否、有用与否的鉴评，否则便丧失了意义，也很可能是非创造性的。

当然设计创造从来不是设计师个人的事，设计创造是自觉的、有目的的社会行为。它是应社会的需要而产生，受社会限制，并为社会服务的。因此设计师需要放开眼界，加强修养，不断学习进取，这样才有可能设计出真正为社会所认可的、具有创造性的作品，使受众体验到一种在使用上、视觉上以及精神上的愉悦和快感。唯有如此，才能将设计的美学特征充分发掘出来，并使之不断深化。

2. 设计审美的时效性

设计的审美始终处于一种动态的变化之中，因此它具有强烈的时效性，如去年的时装到今年就已变得落伍而陈旧了，究其原因，是人们对物质与精神永无止境的需求。而需求的满足有赖于科学技术的发展所带来的技术条件的提升，以及由此产生的生产的发展和人们生活方式的改变。这一前提决定了设计具有流动性的时尚美特点。设计时效性从表面上看有时是由某些社会因素或政治因素造成的，但本质上却是科学技术发展使然。

3. 设计审美的技术性

工业革命以来的科技信仰最终带来了技术美学的诞生。技术美，是一种技术手段在具体设计物上的反映，是其使用价值的外化。它是以实用为目的的产品，在使用过程中发挥功能并自然流露出来的，能为人们所感受，并在生理上和心理上获得愉悦。它是功能、形式、材料运用、加工工艺等要素的综合体现，不仅涉及现代科学技术的最新成果，而且还涉及整个社会生活的美化。

4. 审美的共识性

任何一种设计都是针对具体目标市场和目标消费群体的，而目标市场和目标消费群体则由具有相同文化背景、宗教信仰、思维习惯、兴趣爱好、年龄特点的具有类似需求倾向的人组成。因此，设计的审美会受到目标消费群体所共同具有的文化背景、宗教信仰、思维习惯、兴趣爱好、年龄特点等的制约，由此设计的审美具有了一定的共识性。

第二节　设计美

设计美是随着设计活动的产生而产生的，是一种经过人们创造性活动后产生的价值，是产品的实际属性和设计者达到的精神境界、工艺水平的完美统一。从最初的以"用"为美到后来的机械美再到交互美，都反映了人类对设计美认识角度的变化。下面从功能美、形式美、技术美、意境美四方面加以论述：

一、功能美

产品的实用功能虽然与其自身的功能美的产生没有必然联系，但实用功能却直接影响着主体对它的审美评价，实用甚至可以转化为审美。这种美，我们姑且称之为效用的美或功能之美。

早在 200 多年前，康德就明确指出：美有两种，即自由美和依存美，后者含有对象的合乎目的性。合乎目的是一个更有优先权的美学原则，它与功能相近。在近代美学史上关于审美的功利性与超功利性之争由来已久，随着工业革命带来的功能美的发现，这个问题迎刃而解。因为它清楚地表明，美的现实存在不得不使人们考虑被哲学美学忽视的功能与美的关系问题。"工业美""有用美"作为明晰的观念逐步建立起来，使"功能美"成为现代设计美学的一个核心概念。

"功能美"最本质的内容是实用的功能美，即明确表现功能的东西就是美的。美国雕塑家霍拉修·格林诺斯（Horatio Greenough）于 1837 年第一次提出"形式追随功能"这句话，一百年之后，芝加哥建筑学派的大师路易斯·沙利文（Louis Sullivan）把这句话作为自己设计的标准，创立了自己的设计体系和风格。现代建筑的立场也被称为"功能主义"（functionalism）或者"理性主义"（rationalism），功能主义设计思潮不仅使设计摆脱和纠正了十八九世纪以来重外在形式不注重产品内在功能的倾向，同时也创立了一种简洁、明快具有现代审美感性和时代性的新风格，深刻发掘了来自功能结构的美。但现代主义把装饰美与功能美截然对立的美学思想，在对功能美的认识上是有局限的。德国工业设计师们曾提出 TWM 系统功能理论，他们认为产品的功能应包括技术功能（T）、经济功能（W）和与人相关的功能（M）三方面。技术功能主要是指产品物理化学方面的技术要求；经济功能涉及产品成本和效能；与人相关的功能涵盖面较大，包括产品使用的舒适性，视觉上的愉悦美观等。这样的功能美实际上包括了设计美的全部内容，与我国提出的实用、经济、美观的设计原则有一致性。把功能理解为一个从内到外、从功效价值到审美价值的整体，对设计功能美的解释应当说是比较全面而深刻的。因此，功能美的发现具有以下几方面的意义：

（1）产品的审美功能都是在实用功能和认知功能的基础上产生的。在一定形式的产品发展演变的历史进程中，存在着由实用向认知、审美功能转化的现象。

（2）认定形式美是功能美的抽象形态。与物质产品功能密切关联的各种形式因素，如一定的线条、色彩、形态等是表现功能美的高度抽象、概括和典型化的结果，具有相对独立的美。

（3）认定技术美是功能美在科学技术高度发展的时代的一种特殊形态。技术的进步是改善产品功能的决定因素。新材料、新工艺的涌现不断改变产品的结构和形式，也改变着产品的功能美。

（4）功能美的存在表明，美来自人的社会历史实践，来自技术合规律性与功能合目的性的统一。在设计中重功能的思想并非现代人所独有，早在人类创物之初就已经成为设计的基本思想，这在中国先秦时期的诸子学说和古希腊罗马时期的哲学论辩中已作为一个哲学、经济学命题而深入研讨过。只不过现代功能主义思潮的涌现是现代主义设计发展的产物。功能美是人从产品内部结构与形式的关系中发现的一种更为普遍的美，为现代设计和现代美学的理论基础研究提供了新的方法论。

功能美和一系列基本范畴、基本原理的提出，可以使产品造型设计与工程设计接轨，使技术美学成为一门可操作性的应用型学科。

二、形式美

（一）变化与统一

变化与统一，也叫多样统一。它是一切艺术与设计领域中形式美的总体法则。其他规律或法则就是从这个总的规律中衍生发展而来的。美学中的和谐说，就是指多样的统一。中国古代哲学家老子曾说："道生一，一生二，二生三，三生万物。万物负阴而抱阳，冲气以为和。"这表达了万物统一于一体的和谐观念。所谓"变化"，就是指整体中所包含的各个部分在形式上的区别与差异性；"统一"则指整体中的各个部分在形式上的某些共同特征以及它们之间的整体联系。过分的统一会产生呆板、单调和乏味，过多的变化会导致混乱、刺激和芜杂。因此，要在变化中求统一，在统一中求变化。

变化与统一之间存在一个"度"的问题，稍有变化就会使设计艺术显得生动、活泼、富有生机和魅力；大致的统一就会带来和谐的美感。科学家布鲁诺说："这个物质世界如果是由完全相像的部分构成的就不可能是美的了，因为美表现于各种不同部分的结合中，美就在于整体的多样性。"

变化与统一，作为形式美的总体法则，它能指导和规范人们的设计活动。它要求把多样因素有机地统一在一起，如中国古典园林的设计与创造，就巧妙地运用变化与统一的形式法则。园林中设置不同形态、不同功能的楼、阁、亭、台、假山、喷泉等，就具有了变化、生动、活泼之感；然而，这些又通过一些形式上大致统一的顶部、檐、拱、长廊等，使园内的亭台楼阁具有统一的格调，最后用围墙把这些富有变化的因素统一成一个有机的整体。

变化与统一，在古代设计中运用很广泛。青铜器中的列鼎即既有差异性，又有统一性；其他的漆器、家具等也都运用多样统一的形式美原则，创造了古代器物的和谐美。现代产品设计、包装设计等也经常运用这种方法。

现代设计中的展示设计和企业形象设计，都有意地利用变化与统一的形式美法则。展示设计中，既要求各个展品的多样性，又要求它们统一在一个展柜或一个展台、一个空间内，给人一种整体的而非凌乱不堪的印象。企业形象设计，它是一个系统和整体，其中的视觉形象设计，即视觉识别统一设计，把标准色、标准字体、标志、专用字体统一应用在不同的方面，如包装袋、制服、产品、建筑物、交通工具、办公用品、宣传媒体等，能给人一种多样的统一这样的视觉形象。多样的统一，也表现在系列包装设计和服饰配套设计中。

（二）对比与调和

对比与调和，是建立在变化与统一基础上的一个形式美的规律。在美学中，各种对立因素之间的统一叫对比，色彩的浓淡、冷暖，线的曲直、粗细，形的方圆、大小等。中国的太极图形就含有十分明显的对立因素，形成和谐的统一。在美学中，各种非对立因素之间的统一叫调和。色彩中的红与橙、橙与黄、黄与绿、绿与蓝、蓝与青、青与紫，彼此之间可产生和谐的色调。对比与调和，在设计艺术中发挥着不同的作用。对比能产生生动、活泼与鲜明的个性，调和能产生协调、稳定与柔和的品质。在设计艺术中，对比与调和主要表现在形态、色彩、装饰等方面。

形态的对比有形态的大小对比、形态的虚实对比、形态的性质对比等。形态的大小、虚实对比容易理解，形态的性质对比是指自然形与几何形、简单的形与复杂的形、规则形与不规则形之间的对比。通过对比，使形态产生很强的吸引力，给人留下深刻印象。形态的调和，如正方形与长方形、圆与椭圆、三角形与梯形等，就容易起到调和的作用。

色彩的对比主要表现为色彩明度的高与低、色相的冷与暖、纯度的鲜与灰等，它们之间的对比能表现出强烈的情感意味。色彩的调和就是在变化中求统一，使色彩既不杂乱刺激，又不单调乏味。

装饰上的对比与调和主要指装饰风格的对比与调和。在设计艺术中，装饰风格的对比有：古典风格与现代风格、西洋风格与中国风格、质朴自然与豪华繁丽、粗犷与清秀等。无论是对比还是调和，都对设计艺术的审美功能产生巨大的影响。

在家具设计中，明式家具中线的对比俯拾即是。如搭脑、扶手、柱腿、枨子、牙子等构件的线形，既简洁、流畅，又讲究对比。明代椅子的靠背最上端的横木就叫"搭脑"，顾名思义，它是人的脑袋靠上去的地方，其形体曲线起伏，对比微妙，变化丰富，或翘或垂，或仰或倾，或出或收，或曲或直，或刚或柔，充分展现了线条对比在家具设计中艺术魅力。陶瓷造型中，线的对比也很有韵味。古代陶瓷中的梅瓶，小口、短颈，与丰肩、深腹形成强烈的对比，在对比中产生出挺拔劲健的美感。

（三）对称与均衡

在远古时代，古代先民就发现了自然界中一个奇妙的现象，即动物体形和植物叶脉的对称现象。所以普列汉诺夫说："欣赏对称的能力也是自然赋予我们的。"

对称主要就是指上下、左右、前后等双方在布局上的等量，这是最简单的均衡形式。中国古典建筑（如故宫等）、家具设计、室内陈设等都体现了这一法则。古希腊的巴特农神庙的立柱前廊与坡面屋顶构成对称结构；印度的塔吉默哈尔神庙是用纯白大理石建造的具有伊斯兰风格的圆顶建筑，它的整体造型是对称结构。中国古典诗歌在语言结构上讲究对称格局："白日依山尽，黄河入海流"，"明月松间照，清泉石上流"；如此对称，不胜枚举。对称的形式给人一种条理、秩序与恒定的感觉，但也容易导致单调与呆板。因此在设计中如果对称法则运用得不够巧妙，也会失去它应有的美感效应

现代设计中，对称法则的影响无处不在。产品设计中，造型的对称是为了使用上的方便、安全；平面设计中的对称，往往能表达深邃的哲理。如日本平面设计家福田繁雄设计的《环境污染》招贴画，作者用反常态的、有点不正常的、病态的螺丝图形，构图采用严谨的对称式，告诉人们，环境污染不仅存在于自然环境中，而且也波及人工环境（人工制品）中。

均衡是指左右、上下、前后等双方在布局上的等质，即双方不一定对称，没有等量感。均衡比对称有所变化，在静中趋向于动，它克服了对称那种单调呆板的缺陷，显得活泼而富有生气。

根据格式塔心理学，物体之间的组合最终会形成一种"力的图式"。均衡的"力的图式"能给人以美感。也可以说，均衡是人们在审美过程中所获得的生理的（视觉）和心理的力的均衡。托伯特·哈姆林在论建筑形式美时指出："由均衡所造成的审美方向的满足，似乎和眼睛'浏览'整个物体时的动作特点有关（像浏览一行诗句那样）。假如眼睛从一边向另一边看去，觉得左右两半的吸引力是一样的，人的注意力就像钟摆一样来回游荡，最后停在两极中间的一点上。如果把这个均衡中心有力地加以标定，以至眼睛能满意地在它上面停息下来，这就在观者的心目之中产生了一种健康而平静的瞬间。"这说明了从视

觉到心理，均衡比对称更有活力，更能给人以美感。现代建筑喜欢采用均衡的法则，典型的有法国建筑师柯布西埃设计的"朗香教堂"和丹麦设计师伍重设计的"悉尼歌剧院"，这些建筑无不展现了均衡的视觉美感。

（四）比例与尺度

比例是整体与局部、局部与局部之间在量度上的比例关系。尺度的含义有两层：一层是指物品自身的尺度；一层是指物品与人之间的比例关系，也就是说要使物品符合人的内在尺度要求。前者是"物种的尺度"，后者是"人的尺度"。物品自身尺度，就是器物要有合适的比例关系。

关于比例，我国古代画论中就有"丈山尺树、寸马分人"的说法，还有什么"远人无目""远水无波"等。西方著名的黄金分割律，实际上是一种常用的比例关系，它也是人们在长期的审美实践中得出的美学成果。黄金律在艺术、建筑设计、设计艺术等领域中被广泛应用。很多东西如报纸、图书、杂志、稿纸、信封、香烟盒、火柴盒、国旗、邮票等，它们形式大都符合黄金分割律。建筑理论家托·哈姆林说："取得良好的比例，是一桩费尽心机的事，却也是起码的要求。我们说比例的源泉是形状、结构、用途与和谐，从这一复杂的基本要求出发，要完成好的比例，不只是一个在创作体验中鉴别主次并区别对待的能力问题，而且也是一个要煞费苦心进行一连贯研究实验才得到结果的问题，借助于处处进行不断调整的方法，直到最后一个优而和谐的比例浮现在人们的面前。"

关于尺度，我们重点放在人与物之间的尺度。人与物的协调，是设计师追求的目标。如家具中的电视柜，一般不能太高，应当使电视机的屏幕中心与坐着的成年人的视线保持水平状态。只有当物品能充分发挥功能、使用方便、得心应手、令人赏心悦目时，我们说，这物品才具有合理的尺度。也有"不合理"的尺度，有的物品其造型运用夸张手法，放大原有尺度，改变正常比例。如儿童玩具中的大头娃娃，虽然不合尺度，但还是非常生动和有趣，符合儿童心理；

民间泥玩无锡"大阿福",自身的尺度也是"不合理"的,但它活泼可爱;香水瓶的尺度往往很夸张,但它有趣味、有情调。再如建筑中的牌楼、纪念碑等,也用夸张的尺度,使它显得更高大、更雄伟、更崇高。

(五)节奏和韵律

节奏和韵律是设计艺术中一条重要的形式美法则。节奏从自然中来,也从生活中来。自然界中,鸟的羽毛、兽皮的斑纹、鱼鳞的排列、贝壳上的涡旋纹和水的涟漪,都有节奏感;昼夜交替、春秋代序、人体的呼吸、脉搏的跳动等,这是生活的节奏。

艺术的节奏来源于自然和生活。我们要仔细观察自然,体验生活,把握好艺术与设计中的节奏。同时,"艺术中的节奏是一些形式因素的组合,例如,在建筑、绘画、雕塑、工业设计中,便是基本单元的排列。节奏也可以是一种材料的积聚和复合使用,以产生某种不完全是装饰性的有节奏的运动。"也就是说,在设计艺术中,节奏不完全是为了审美的需要,它有时就是功能、技术、结构本身的表现。如古代陶器上的弦纹,具有一种节奏感,它的出现是因为制陶技术的改进,从手捏成型到拉坯成型。拉坯时,手指在陶坯土上留下的痕迹,由于手指用力不同,所以弦纹有深有浅,具有一种节奏之美。

韵律是指诗歌、音乐中的音韵、旋律,后来泛指一切艺术中具有音乐之美的东西。节奏是韵律的基础,韵律是节奏的升华和提高。节奏具有规律性的重复并体现出统一来,而韵律具有起伏回旋、疏密有致、抑扬顿挫并能体现出变化来。节奏和韵律,在艺术设计中得到广泛运用。在设计中若能灵活熟练地掌握节奏和韵律的规律,如在形体和结构上的渐大渐小、渐多渐少、渐长渐短、渐疏渐密;在色彩上的渐强渐弱、渐深渐浅、渐浓渐淡等,这样,你会获得如同音乐般的美感。如古代陶瓷上的纹饰,都具有一种节奏感和韵律美。

(六)幻觉与错觉

关于这对概念,在很多地方被混用,原因就在于人们没有弄清它们之间的细微差别。幻觉，通常是指视幻觉，有人认为它是感觉被剥夺的后果，有时会产生一种和梦境相似的生动经验。汉语中有一个词组叫"如梦如幻"，可作旁证。视觉艺术，因此被人称之为视觉艺术，就是因为视觉艺术中的红苹果、绿草地，并非现实中真的红苹果、绿草地，但它却能使人产生一种幻觉，仿佛画中的一切就是真实的世界。视觉心理学中存在着一个公理：期待创造幻觉。"鸭—兔"图形就是最好的例子。

错觉，在感觉世界中，它代表着知觉恒常性的颠倒。在错觉发生的情况下，视网膜上的像仍然是一样的，但我们对它的知觉却不同了。错觉对我们所经历的知觉常态稳定来说，是一个例外。它表明我们的信息处理系统"受骗了"，虽然对我们的知觉来说是一种受骗现象，但它对艺术家、设计师来说，却非常有趣，是一个"美丽的错误"。常见的错觉图形有：缪勒-莱亚错觉、爱宾豪斯错觉、庞佐错觉、波根多夫错觉和赫林错觉等。通俗地说，视错觉就是在一定情况下所产生的与客观物象不相符合的视觉现象。

在设计过程中，我们不能忽视错觉的存在，否则，就会因为错觉而造成设计上的遗憾和失败。一般情况下，在设计过程中，对错觉的处理可采用两种方法：一种是防止错觉，一种是利用错觉。所谓防止错觉，就是说在设计过程中，为了避免错觉的发生，需要对容易发生错觉的部分进行必要的技术性处理。如美术字"3"和"8"的写法，还有"B"和"S"等美术字，如果上下写得均等，就容易产生错觉，显得上大下小、头重脚轻；不妨把上面写小一点、下面写大一点，这样看就舒服多了。所谓利用错觉，就是"将错就错"，利用错觉来达到更好的视觉效果。（引自张道一先生的著作：《工艺美术论集》）如电视机屏幕的设计，一般在屏幕的外部边缘采用深颜色，这样可以使浅色的屏幕显得比实际要大一些。又如，在制作正方形盒子时，可以使高度线比底边线略短些，这样既可以保持正方形的视觉感受，又可以节约材料，达到一箭双雕的目的。

三、技术美

技术美与功能美是相伴而生的另一种审美形态。两者具有不同质的内涵和规定性。技术美是从其审美价值的本源和构成形态上做出的界定，而功能美则是从其审美价值的表现和效用形态上做出的界定。

技术美学作为美学的分支，较之于一般美的哲学的思辨，具有较强的操作性、应用性。它是研究物质生产和器物文化中有关美学问题的应用美学学科，是随着 20 世纪 30 年代现代科学技术进步而产生的新的美学分支学科。它与文艺美学和审美教育并列，构成了美学的三大应用学科。

技术美学作为一门独立的现代美学应用学科，诞生于 20 世纪 30 年代。由于它主要运用于工业生产中，因而又称为工业美学、生产美学或劳动美学。后来，扩大运用于建筑、运输、商业、农业、外贸和服务等行业。20 世纪 50 年代，捷克设计师佩特尔·图奇内建议用"技术美学"这一名称，从此，这一名称被广泛应用，并为国际组织所认可。1957 年，在瑞士成立的国际组织，确定为国际技术美学协会。技术美学这一名称在中国也具有约定俗成的性质，其中包含了工业美学、劳动美学、商品美学、建筑美学、设计美学等内容。

技术美学是现代生产方式和商品经济高度发展的产物，是社会科学和技术科学相互渗透、相互融合的产物，是艺术与技术的结合。技术美学是美学原理在物质生产和生活领域的具体化，同时又是设计观念在美学上的哲学概括。技术美学表现出高度的综合性，它不仅涉及哲学、社会学、心理学、艺术学问题，而且涉及文化学、符号学以及各种技术科学知识。

概括地说，技术美学研究的对象，不外乎两个方面：第一是在现代工业设计中如何按照美的规律建造合乎人的生理和心理需求的优美的生产条件和环境；第二是在现代工业设计中如何按照美的规律塑造产品。具体地说，技术美学的研究对象，包括以下几方面的内容：

（1）人类物质生产的直接成果——产品，这是技术美学研究的逻辑起点。

（2）人体工程学，这是技术美学的自然基础。

（3）艺术设计，也称"迪扎因"（design），这是技术美学研究的核心内容。

（4）产品呈现出的技术美，这是技术美学的中心范畴。

（5）劳动条件和环境的美化和优化，这是技术美学研究的主要内容。

（6）标准化和多样化问题，这是艺术设计与人体工程学领域中贯彻统一原则的有效手段，确定对产品质量准确而严格的要求。

（7）鉴定问题，即对产品进行综合评价，包括技术指标、经济指标、审美指标等。

（8）装饰的原则和装饰材料的规范化问题等。

技术美学作为美学的分支，较之于一般的美的哲学的思辨，具有较强的操作性、应用性。可以说，技术美学就是美学参与社会历史实践活动的体现，它使技术活动艺术化、审美化，直接体现了美学的"效用"。人文性之于技术美学并非外在附属而是深蕴其中，故此技术美学才会在生产实践中具有人文导向，才能保障技术美学的人文学科属性。因此，技术美学并不仅表现在产品静观的功能美上，而是在产品的宜人性而非对抗性上观照人的本质力量。更表现为生产产品的技术操作过程中人的身心愉悦满足和带着极大的兴趣、热情投入机器操作，与外在环境处于平等友爱之中，而非掠夺式的开发。这主要体现在工业设计中根据宜人尺度对人—机界面关系的处理。所以，技术美应成为人类整个技术活动过程中自觉追求的目标。尤其在文化整合的创造活动中，要把社会伦理的审美文化的和生态的因素纳入设计中，在对技术美的自觉追求中领悟到社会前进的目的性、人文性；通过物的组合秩序实现生活环境与人的和谐；通过提高生活趣味引导人的生活方式的变革；通过物与人关系的体验展现人性的提升历程。

技术美学是在现代人文基点上，研究人、技术和自然之间审美关系即追求技术美本体的一门学科，它关注人类在实践活动中对技术非人性的遏制，并非美学简单地应用于技术，而是着重于更为根本的人类技术活动的审美化即人类生存状态的审美化。具体阐释了技术美学的形上一维（技术美本体）与形下一维（设计及其技术性操作）的互动关系。从技术与劳动（工具）、技术与艺术、技术与语言三个维度多层面理解技术美本体的内涵。

由此设计所带来的生活观念的转变，正如未来学家托夫勒所言："今天世界上正飞快地发展着另外一种看法：进步再不能以技术和生活的物质标准来衡量了。如果在道德、美学、政治、环境等方面日趋堕落的社会，则不能认为是一个进步的社会，不论它多么富有和具有高超的技术。一句话，我们正在走向更加全面理解进步的时代"。

尽管技术美不像艺术美的体验那样仅与审美心境紧密相关，其审美体验中充满着智力结构中多种知识的综合作用，尤其那些技术性知识如发明、程序、模式、结果等，同样能使人从中感受到人类自身的创造之美，体悟到它给人类诗意生存和整个自然生态系统的和谐之美带来的博大精深的含义，感受到人通过技术美展现而达到的人与自然相互支持和协同进化的"亲和性"关系。因此，技术美学所体验到的内容就是内在于人的生存状况，使人在参与建构世界的过程中体悟到审美的提升。

四、意境美

以意为美、以道为美、以文为美等构成了中国古代美的整体特色。其中以"意"为美可视为中国古代对美的基本界定。

何谓意境？意境就是景与情的交融，客观的境与主观的意完美结合。在这里，它包含着两个方面："意"犹如一首诗；"境"犹如一幅画。"意"是艺术家在他所创造的形象中表达的主观思想情感，而形象是意境的基础。意境是中国传统美学的核心范畴。

在诗歌中，王国维以"昨夜西风凋碧树，独上高楼，望尽天涯路"为第一境界，以"衣带渐宽终不悔，为伊消得人憔悴"为第二境界，以"众里寻他千百度，蓦然回首，那人却在，灯火阑珊处"为第三境界，从中我们可以感知到"有我"之境和"无我"之境的美妙。

在绘画中，则是无光影、无明暗、不确定的具体时空。那些山水景物、风花雪月的状态并不清晰，但都有其意境。它完全依靠创作者、欣赏者的想象来填充和补足。这种补足和填充，主要依赖于现实的人世经验，所想象的仍然是现实、生活的图景，较少纯然异样的虚构。这种意境附着的感情也仍然是人世的、现实的感情，较少纯然超世的神秘情思。

在书法中，意境美得到了完美体现。书法以极为简约而单纯的点画构造艺术格局，使人们钟情于斯，寄情于斯，以研习书艺为日课，以畅意一书为乐事，使感情泄于腕底，使意象隐现于点画，并在此中追求书法艺术的至美。书法艺术的至美与其所追求的最高艺术目标是意境。

在舞蹈作品中，也有意境美的体现。每个舞蹈作品都力求意境美。舞蹈主要是依靠动作、姿态及整个身体的律动来抒发情感、表达意境。那些美丽动人的舞蹈形象、丰富多彩的肢体语言、优美动听的音乐旋律以及富丽堂皇的舞美设计和各种艺术因素完整和谐地结合在一起所产生的艺术美感，吸引着千千万万的人们，使其艺术魅力永存。所以，意境美也是舞蹈的灵魂。群舞《荷花赋》表现了荷花出淤泥而不染的意境；《黄土黄》表现了黄土高坡人的粗犷、奔放及对生活的渴求。舞台上的色彩、形状、声音（音乐）也是创造意境不可缺少的艺术手段。

设计是一门综合性极强的学科，它涉及社会、文化、经济、科技等诸多方面，其审美标准也随着这诸多因素的变化而改变。因此，对设计之美的评判是一个复杂的体系。但是，对任何事物的评判都有一个大致的标准，在全球化的今天，设计更是一种超越国界的语言，一个设计符号就可以传达出丰富的信息。那么，"意境美"是否能融入现代设计呢？笔者认为，好的设计应该既根植于民族的本土性，又对整个当代设计具有现实意义。产品设计、环境设计、视觉传达设计、人机界面设计、广告设计、传播媒介设计，都应该从传统中取"意"传"情"。

中国传统纹样背后的"意"是其造型的关键。不论古人还是现代人,对美好事物都一样向往,因而,传统纹样蕴含的吉祥意味同样适用于现代设计,适用于传达现代人的设计意念。在我们的生活中处处可以发现古为今用、推陈出新的佳作。在中国民间,传统图形"盘长"常结合"方胜"图案来使用,以此表达四环贯彻、一切通明的美好意愿,中国联通公司的标志就采用了源于佛教八宝之一的"盘长"造型,取其"源远流长、生生不息、相辅相成"的本意来传达联通公司的通信事业日久天长的寓意。该标志的四个方形有四通八达、事事如意之意;六个圆形有路路相通、处处顺畅之意;而标志中的 10 个空处则有圆圆满满和卜全十美之意。无论从对称还是从偶数来说,整个标志都洋溢着古老东方的吉祥之气。很多图案已经在中国人民心中形成共识,所以,将约定俗成的传统图案之"意"用于企业标志的固有理念之中,发展出更新、更深层次的企业精神,使其更具有文化性与社会性,是现代标志设计为企业做出的新贡献。

在其他设计中,我们也要立足于传统,使意境美得到很好的体现。中国自古就是一个礼乐之邦,乐观、和谐的社会思想渗透到中华民族社会生活的方方面面,"礼乐之邦"意味着美好的社会生活,"充实谓之美""似与不似之间"都体现着对"意蕴"的追求。《诗品》云:"可望而不可置于眉睫之前也。"这是极高的审美境界,它迷倒了无数代的中国人,这也是"中国味"的精髓,是外人难以揣摩的。在"速食文化"流行的今天,我们更要扎根于传统的土壤,以丰富的设计造型来展示深刻的民族文化意蕴。

因此,我们应以高科技为基础,以传统文化为底蕴,以设计为人民服务为宗旨,把意境美融合于其中,使现代设计向更高层次迈进。

第六章　设计的方法与方法论

本章的主要内容是设计的方法和方法论，从三个方面展开了论述，分别是设计的方法之道、现代设计的方法、艺术设计的方法，通过学习设计的方法和方法论，我们可以更好地进行设计的实践。

第一节　方法之道

人们在面对如何进行一项工作，如何达到一种目的境况时，都需要思考采用什么样的方法来完成的问题。所谓方法，就是为解决问题或达到某一目的而采取的手段、方式的总和。广义上讲是指人的一种行为方式，狭义上讲是为解决某一具体问题、完成某一工作的程序或办法。方法论是关于方法的理论，包括建立知识体系的方法和扩展知识、补充新知识的方法。方法论又称方法学，无论是方法学还是方法论，都具有科学性和哲学性，本质上可以说是科学方法论和哲学方法论。

虽然设计的历史悠久，但作为一门学科，设计方法论是在 20 世纪 60 年代兴起和发展的，并在此基础上建立起了比较科学的研究体系和理论体系。因此，设计方法是设计领域的世界观与方法论，它的基本问题始终是围绕如何正确地、科学地处理设计思维和设计现实之间的关系。

设计方法论的"科学"时期在第二次世界大战后形成滥觞。一方面，战后社会经济的发展导致人们需求的多样化与复杂化，大众市场消失，消费社会来临。另一方面，科学技术的高速发展丰富了设计的实现手段。因此，设计师面临的问题日趋复杂，传统的方法失效。设计师在迷惑中开始思考"如何设计"

的问题。20世纪50年代末60年代初，系统论、信息论和控制论的思想开始渗透到各个领域。NASA以及美国军方发展的计算机、自动控制、系统管理等技术被介绍到民间并产生了巨大影响，这便是设计方法论出现的直接诱因。

手工业时代，设计方法具有经验、感性、静态的特征，而大工业时代的设计方法则是科学的、理性的、动态的和计算机化的。在传统工业社会向信息时代过渡时期，其方法论主张运用系统的思想和方法把原理、概念、思维模式、材料、工艺、结构、形态、色彩以至经营机制、经营模式都放在一个关键的核心——特定人群的特定环境、条件的需求之中去重构。

从发展而言，设计方法经历了直觉设计阶段、经验设计阶段、中间实验辅助设计阶段与现代设计法四个阶段。

科学方法论从经验到哲学有不同的层面，大致可以分为以下几个层面：

（1）作为技术手段，操作过程的经验层面。

（2）作为各门类学科具体研究对象的具体方法层面。

（3）作为科学研究的一般方法层面，适用于各学科。

（4）作为一般科学方法的哲学层面，普遍适用于自然科学、人文和社会科学、思维科学等。

设计是一项实践性、操作性很强的专业活动。在古代，经验方法是在生产实践中通过总结经验形成的，从实践中总结出实用知识或工艺技巧，并加以应用。从人类的造物实践的历史来看，已积累了丰厚的设计经验，这种经验随着设计学科的形成而上升为理论，成为设计学科的一部分。其中，设计方法及程序是设计学科中最具操作性的理论，是由实践经验总结出的理论，这些方法和理论具有普遍性，但它们又是发展变化的。对于不同的项目，条件和要求，其方法会有所不同，比如环境艺术设计和室内设计、工业设计与平面设计等，其方法都有所不同，需要设计者根据实际而确定、选择和加以变换，甚至需要不断创新设计的智慧和设计的方法。

第二节　现代设计方法

方法论又称方法学，就是研究方法的理论。在方法学上，哲学家与实践家有两大主张：理性主义与经验主义。前者主张在认识、设计、探索和研究的过程中，确立理性的原则，从这些原则出发，按逻辑步骤，建立合理的过程；后者主张凭感觉及直觉，以及由此积累的经验从事各项研究工作。在不同的理论体系中，方法有着不同的概念特征。当代的科学理论在很大程度上被归结为科学方法学说，归结为对数学或形式逻辑尚未要求其做出分科的那些方法的描述和反思。

方法论不是严格的形式科学，而是使用科学。它与人的活动有关，给人以行动的指示，说明人应该怎样树立自己的认识目的，应该使用哪些辅助手段，以便能够有效地获得科学认识。正是在方法论的基础上，设计科学才得以建立。1978 年，赫伯特·西蒙出版了《人工科学》一书，正式提出了设计科学的概念，书中总结了当时初露端倪的设计科学的特点、内容和意义。这是设计方法学的一部经典著作。

设计方法论是设计学科的科学方法论。西蒙认为是"关于认识和改造广义设计的根本科学方法的学说。是设计领域最一般规律的科学"。它涉及工程学、管理学、价值科学、社会学、生理学、心理学、思维科学、美学和哲学诸多领域的知识。作为方法论主要研究设计过程和各阶段、各步骤之间的关联性规律、原理和规则，以确保整个设计项目有一个科学的、合理的设计进程。因此，设计方法学可以说是探讨设计进程最优化的方法论。

通常所说的设计方法论主要包括信息论、系统论、控制论、优化论、对应论、突变论、智能论、功能论、离散论、模糊论等。在设计与分析领域称为十大科学方法论。这些方法论的研究，受"自然科学"的影响，设计追求的是"科学的、理性的、实证的"知识。由于在分析过程中，数理逻辑演算的介入，使设计活动似乎获得了科学的"精确性",是体现快速的、准确的、普遍适用的方法论阶段。

到了 20 世纪 80 年代以后,越来越多的学者反对方法的教条与僵化,方法论的研究开始集中于如何使方法获得自由,因为任何方法、程序都不可能替代设计师的感觉、认知、判断中的直觉成分。方法的作用只能是"组织"这些大脑内部的思维机制。

在此时期,瑞特对方法论的研究最有价值,他揭示了设计的核心难点:当设计师面对一个具体问题时,他需要具备与此问题相关的一些知识。有些知识是客观性的,可以通过统计获得,如城市规划中的人口密度、土地面积、家庭收入、交通阻塞等;有些知识,比如用户需求、经济与社会因素、个人动机、文化差异等,被认为是主观性知识,则需要通过使用某种方法去研究才能获得。此外,还要加入设计师的经验性知识。于是设计的方法论的理论基础越来越受到社会科学知识的深入影响。设计实践与研究多是在心理学、社会学、人类学(民族志)、语言学等社会科学的介入下进行的,其核心目的是去发现人的需求、期望、目的、情感、体验。设计方法不应只是遵循自然科学的因果逻辑、理性分析下的"解释"原则,而更应去"理解"和关怀人类的个体心理与群体文化。与此同时,社会科学的方法,比如社会学的问卷调查、抽样、焦点群体、心理学的认知实验,人类学的田野调查与民族志等也开始渗透到设计领域。因此设计不仅要研究自然科学知识,也要沿用社会科学的"理解"原则去找寻人类行为背后的意义、情感、价值与象征系统。

从世界范围来看,不同的国家、地区有不同的设计方法的运用和理解,形成了所谓的"方法学派",在广义设计方法上国外主要有以下三大学派可供借鉴:

(1)德国与北欧的机械设计方法学派,以"解决产品设计课题进程的一般性理论,研究进程模式、战略与各步骤相应的战术"作为设计方法学的基本定义。着重于设计模式的研究,对设计过程进行系统化的逻辑分析,使设计方法步骤规范化。

（2）英、美、日等国的创造设计学派，它们重视创造性开发和计算机辅助设计在工业设计上形成的商业性的、高科技的、多元化的风格。

（3）俄罗斯、东欧的新设计方法学派，其理论建立在宏观工程设计基础上，思路开阔，提倡发散、变性、收敛三部曲的设计程式。

在设计方法上，当下的科学技术为设计师提供了前所未有的可能性，科学方法论的兴起及发展，在哲学社会科学领域得到越来越多的应用。特别是信息革命提供了传播知识信息的各种现代化手段，使设计更有效地突破传统学科被划分的界限，过去那种不同学科、不同领域孤立地提出和解决问题的思维方式已不可能全面地认识和解决复杂的问题。近几年出现的系统设计就是在这个背景下产生的，它包括对技术的组织管理设计和社会设计。另外，计算机辅助设计（CAD）和辅助制作（CAM）系统，为这种系统综合性设计在信息整理、分析、模拟、变体、评价、模型、绘画等各个方面提供了有效的技术方法。当然，方法和手段的进步并不意味着一切，关键还是人的选择，对设计师来说，必须确立一个清醒的设计价值观——以人为核心的设计价值观。以下重点介绍常用的功能论方法与系统论方法：

一、功能论方法

德国斯图加特国立造型学院产品设计系的克劳斯·雷蒙教授在其有关设计方法的研究中指出：设计中就项目的功能、内容与方法形式而言，方法在设计过程占有重要的位置，并对设计过程中的工作效率及结果起着很重要的作用，归纳起来有分析法和归纳法两种通用的方法。

1. 分析法

分析法代表着一种通用的操作方法。它来源于对产品的一种理性分析，基于这种分析，产生了功能设计理论及方法，内容包括以下几个方面：

（1）功能定义，指针对所设计的产品及构成下定义。即确定设计主旨、明确设计目标、梳理出实现功能的不同方式和手段。

（2）功能分类，即按设计对象的功能进行分类，可分为基本功能、辅助功能。也可分为物质功能和精神功能。其中物质功能是最重要的功能，包括适用性、可靠性、安全性等；精神功能是由外观造型及物质功能所表现出来的审美、象征、教育等功能。

（3）功能整理，指将产品中各部件的功能定义按照目的和手段顺序进行系统化排列，制订可操作的、定量的"功能系统图"。

（4）功能定量分析等，指在"功能系统图"的基础上，进行细化分析，包括技术参数分析、产品功能成本分析、可靠性定量及定性分析。

第二次世界大战后，随着科学技术的发展，产业结构、社会结构、自然环境及人的意识形态都发生了巨大的变化。传统功能主义的设计式样和设计原理也发生了变化，即形成了多元化的设计。功能不再是单一的结构功能，而呈现为复合形态，即物质功能、信息功能、环境功能和社会功能的综合。到了后现代主义时期，设计师甚至提出：设计师的责任不是实现功能而是发现功能。工业设计发展的历程表明：没有功能，形式就无从产生。因此，正确处理功能与形式的关系是工业设计方法论研究的基本问题。

2. 归纳法

归纳法产生于后现代主义，是一个非常年轻的思维理论方法，它试图用当代的手段来表现当代的问题，或表现一种表现形式的价值，含有形式、隐喻、感情等，于是成为一种普遍适用的方法理论。

意大利后现代主义的代表人物蔓第尼就提出了以下几个设计哲学观点：

（1）当你最初想象这个对象时，要集中在它的视觉方面，而不是功能。

（2）把功能设计得含糊些。

（3）尽力瞄准在一种视觉矛盾方面，如"软"和"硬"，以及不俗方面。

（4）把不相似的东西组合在一起。

（5）引入意想不到的因素，给人悬而未决的感觉。

（6）部件应当沉静、浪漫，富有想象力，性格内向，带有些自我嘲讽。

（7）每个产品应同时具有手工艺术和计算机科学的品质。

这些要点构成了他组织的"阿基米亚"设计工作室的设计哲学。显然这种后现代主义的设计思想强调了一些歧义的、功能不清晰的方面，与功能主义的方法是完全对立的。

二、系统论方法

亚里士多德说"整体大于部分之和"，这至今仍是系统论的一个基本思想。

系统论作为一种方法，是属于科学方法论的第二层次，第一层次是哲学方法，这是高度抽象因而无论对自然科学抑或社会科学均有普适性的方法；第二层次是一般科学方法，如实验方法、逻辑方法、数学方法、系统论、控制论、信息论方法；第三层次是门类科学方法，是哲学方法的实际运用。如研究设计就有研究设计的方法。而在设计中运用系统论方法，是最常用的门类研究方法。

系统设计方法是以对现代科学研究具有普遍指导意义的系统思想和观点为基础，顺应现代设计在环境、对象、因素等方面越来越多的制约和复杂化限定的情况下，把设计的研究对象置于从整体与局部之间、部分与部分之间、整体对象与外部环境之间的相互联系和相互作用、相互制约和相互协同的关系中综合地精确地考察对象，以达到确立优化目标及实现目标的科学方法。设计系统的方法因为把设计对象以及有关问题，如设计的程序和管理、设计信息资料的分类整理、设计目标的拟定，"人—机—环境"系统的功能分配和动作协调规划等，视为一个系统，然后，运用系统分析和系统综合的基本方法，发挥整体性、综合性的最优化的特点，因而为设计过程中迅速、准确地发现问题、分析和定义问题，提供了正确全面地设计哲学观。这一设计方法，被广泛应用于工业设计、建筑设计、城市规划设计和视觉传达设计等现代设计领域。其系统分析包括以下几个方面：

（1）整体分析：确定系统的总目标及相关客观条件的限制。

（2）任务与要求：为实现总目标需要完成哪些任务和满足哪些要求。

（3）功能分析：根据任务与要求，对整个系统及子系统的功能和相互关系进行分析。

（4）指标分配：在功能分析的基础上确定对各子系统的要求及指标分析。

（5）方案研究：根据预定任务和各子系统的指标要求，制订出各种可行性方案。

（6）分析模拟：由于因果关系的变化，通常需要经过分析模拟加以确定。

（7）系统优化：在方案分析模拟的基础上，从可行方案中选出最优方案。

（8）系统综合：对最优方案要付诸实施，必须进行理论上的论证和具体设计，以使各子系统在规定的范围和程度上得出明确的定性、定量的结论，包括细节问题的结论。

日本产品设计大师黑川雅之认为：所有事物，无论是目的还是组织方式，都有其结构。决定结构的因素很多，动力特性、材料特性、生产过程、材料和部件的寿命、部件的可换性、维护方式、组装次序、表达的意念以及决定存在方式的组合因素，包括每个部件应适应分析程序的需要，即便对于使用者而言，管理回收的技能也成为必须等，这是整个"意念体系"，决定着产品的结构，决定着物体存在的方式。这说明在设计产品时导入系统化的结构概念是十分重要的。

系统论方法，也为人们掌握全局、提纲挈领地解决设计问题提供了行之有效和科学、理性的思维方法，并能将复杂、综合的设计与实践过程梳理为脉络清晰、层次分明的工作体系。对系统论方法的探索，一定要善于发挥创造性思维和直觉感性思维方式的优点，促使理性和感性相结合，相融汇，用不断丰富和完善的科学的设计方法去创造未来更优良的设计。

三、创造性思维方法

设计方法的核心是创造性思维，它贯穿于整个设计活动的全过程。对创造性的理解也是建立在科学的基础上的，美国心理学家唐纳德·麦金农在1962年曾经结合艺术、科学、技术等方面对创造性的理解，对创造性下过比较全面的定义："创造性含义指某一想法（或反应）是新颖的，至少在统计上是鲜见的。但这种思想或行动上的新颖只是创造性的一个必要方面，还不是全部。若认为某一反应是创造过程的组成部分，则在一定程度上必须是适应现实的，适合一定情况，能解决一定问题，完成某种可识别的目标。而且真正的创造性还包括对新颖领悟的持续、评价、完善和充分发展。"

设计中的创造性思维，具有主动性、目的性、预见性、求异性、发散性、独创性、突变性、灵活性等特征。而把握设计方法的主体——设计师的设计思维活动，对设计方法的形成和运用有着重要作用。设计创意思维的基本方法概述如下：

1. 发散性思维（求异思维）

美国科学哲学家库恩在《必要的张力》一书中指出，发散性思维的一般特征是思想的活跃与开放。美国心理学家吴伟士和吉尔富特认为，创造性思维的核心是发散性思维，人类创造力的最重要的成分就存在于发散性思维之中。

发散性思维又称扩散思维、分散思维，也有称逆向思维和求异思维。是指以一个共同的出发点为前提，然后在此前提下，从不同的侧面，不同的部位对出发点提出的问题加以实施或解决。发散性思维一般呈现三种形态：一是同向"直线型"发散，二是异向"发射型"发散，三是立体"渗透型"发散。它包括以下几种思维：

（1）直觉思维：以熟悉与当前情境有关的知识领域及其结构为根据，是创造性思维的一种主要形式。即从一点出发，使思维的轨迹沿着基本不同的方向扩展，其结果往往是产生构思迥异的方案。用图表示，它就是从一点出发向知识网络空间发出的一束射线，使之与两个或多个知识点之间形成联系。它包含横向思维、逆向思维及多向思维。求异思维具有多向性，变通性、流畅性、独特性特点，即思考问题时注重多思路、多方案，解决问题时注重多途径、多方式。它对不同问题，从不同的方向、不同的侧面、不同的层次横向拓展、逆向深入，常采用探索、转化、变换、迁移、构造、变形、组合、分解等设计手法，将毫无关联的各个不相同的要素结合在一起，来打开未知世界的大门。

（2）逻辑思维：分析设计形态系统的各种独立成分，并列出各独立成分所包含的多种因素，然后将各种因素做排列组合，从而获得多种造型方案，这种方法既可避免先入为主的影响，也可避免简单凭头脑思索而挂一漏万。特别是用计算机辅助设计处理复杂问题时，更为有效。

（3）聚合思维：综合各种方案，或优选一个最理想的方案并进一步利用直觉思维深入发展，这种思维过程能激发人的好奇心和求知欲，能够"立竿见影"，能培养知觉判断力，能储备大量的形象资料，从而在丰富表象的基础上发生联想，构成更丰富的想象。

2. 收敛性思维

收敛性思维与发散性思维是两种不同的认知方式。收敛性思维又称辐合式思维，集中思维，是一种收敛的思维方式，收敛性思维往往是预设一个思维所要达到的目标，然后调动思维的种种因素，收集所有有关信息，甚至采用不同的方法、知识来向此目标推进。同时，又要考虑各种相关因素，最后提出一种解决问题的办法并达到目标。收敛性思维是从所给予的信息中产生逻辑的结论，是一种趋同、求同的过程。当思维经过充分发散，需要思维的主体做出决策时，收敛性思维同样会起到决定性的作用。差不多所有的设计大师的作品，都经历过严密的逻辑思维阶段，以使构思能够变成现实。发散性思维与收敛性思维之间的相关性十分密切，创造性思维过程包括二者相互衔接或交替的阶段。库恩指出，科学只能在发散和收敛这两种思维方法相互拉扯所形成的"张力"之下，才能向前发展。发散性思维是收敛性思维的延伸和探索方向，收敛性思维是发散式的出发点和归宿。也有学者在此基础上，提出了将两种思维整合在一起的新的思维方式。

3. 论证型思维

论证型思维是围绕一个问题来进行论证，思维主体根据自身的需要选取材料，确定重点，进行推理式的思维。或者建立一种理论体系，在进行论证的过程中，使之更加完善。或者选择一个题目作为切入点，借题发挥，展开论证。设计师在进行创作时，往往会在某个设计中表现自己的设计审美，而不论这是一个什么样的项目，只是以形象自身的完整作为目标。例如美国建筑师弗兰克·盖瑞在许多作品中表现出强烈的雕塑性，为了标新立异，他不断探索建筑复杂和雕塑化的形式，创造一种抽象、扭转和变异的形式。表现出一种追求个人语言的主导倾向。他设计的巴黎"美国中心"、西班牙古根海姆博物馆等，都显示了雕塑性建筑的论证过程，都似乎是用许多造型奇特的体块偶然地堆积拼凑在一起的巨大的抽象雕塑。

4. 联想型思维

联想型思维又称侧向思维，联想型思维是一种由此及彼，由一种现象联想到另一种现象的思维方式，它是形象思维的一个主要特点。

英国工业设计家弗雷泽·安吉沃特在他写的《设计美学》序章中把中国的鲁班看作古代最优秀的设计家。安吉沃特认为鲁班从高粱秸插成的蝈蝈笼子得到启示，创造了中国梁椽结构的建筑体系。而由西方建筑设计师主持设计的北京奥运会主场馆"鸟巢"与受中国古塔建筑形式启发的上海金茂大厦建筑造型无不是发挥联想思维创意的结果。

心理学家指出：想象是在过去感知材料的基础上，在语言的调节下，创造新形象的心理过程。它分为再创想象、创造想象和幻想三种。所谓创造想象就是新表象的创造。联想是由一事想到另一事的心理过程。它分为四种形式：在空间或时间上相接近的事物形成接近联想，有相似特点的事物形成相似联想，有对应关系的事物形成对立联想，有因果关系的事物形成因果联想。联想是一种创造思维方法，同想象有密切关系，它以记忆为前提条件，是把"记忆库"中的各种记忆元素提取出来，再通过联想活动把它们联结在一起，形成联想。

联想是一种十分重要的心理活动过程，是一种使概念相接近的能力。联想可以克服两个或若干个概念在意义上的差距，使片段的、独立的想象组合为一个系统的整体，使混乱的想象转化为有序的想象。联想得越多越丰富，获得创造性突破的可能性就越大。这种思维活动进行的方式有可能从具体到抽象，也可能从抽象到具体。

5. 头脑风暴法

"头脑风暴法"是美国 BBDO 广告公司副总裁、心理学家奥斯本博士发明出来的一种创造性设计思维互动的组织形式。即以会议的方式，将专家、学者、创意人员组织起来，围绕一个明确的议题，借助与会者的集体智慧进行讨论，目的是运用风暴似的思潮解决问题。这样可以通过集思广益的方式在一定时间内大量产生各种主意，产量越多，则得到的有用主意就越多。它强调自由思考，不受约束，因此，可以激发创造动因，同时通过相互启发，又增加了求异思维的联想机会，使创造性思维产生共振和连锁反应，以产生和发展出众多的创意构想。这一方法在美国广告界及工业设计界风行一时，近年来已开始广泛应用于设计教育之中。

6. "戈登技术"

"戈登技术"是美国学者戈登于1961年提出的一种与头脑风暴法截然不同的培养创造能力的方法。它只是先提出一个抽象问题，比如："如何存放东西"，然后要求学生思考存放的方式，可得到许多答案，而后缩小范围再作问答。这个方法可以有效地提高学生从本源出发理解事物，以"原创性"的创作理念为指导进行设计。这是一种围绕问题展开意念创造的设计教学过程，在形式上严谨有序，有利于集中学生的智慧，引导他们在有效的途径上发挥想象力和创造力。

随着创造性活动理论、现代决策理论、信息论、控制论、系统工程等现代理论与方法的发展及传播，人们冲破了传统学科间的专业界限，在相邻甚至相远的学科领域内探索、研究，使现代设计走上了日趋整体化的道路，促使单一的设计研究向广义的设计研究转变，从而形成了设计学。

第三节　艺术设计方法

一、艺术设计方法概述

"艺术设计方法"，是设计过程中所采用的具体方法。"设计方法论"是设计方法的再研究。从某种意义上讲，设计方法是单体的、经验的、初级的方法，而设计方法论是群体的、理论的、高级的方法，是在方法基础上的升华。

虽然设计的历史悠久，但人们对设计方法的研究却从 20 世纪 60 年代才开始建立起比较科学的研究系统和理论体系。

手工业时代，以师傅带徒弟的方式传授经验，沿袭着所谓言传身教的传统方法，使设计方法的形成具有强烈的经验主义色彩和偶发性试验的特征，对于设计方法的研究往往由于传承的突发性中断和行业、门类的人为阻隔而显得支离破碎且封闭局限。

进入工业化时代，科学技术的发展为设计方法的形成提供了新的测试和辅助手段，教学方法、控制理论等一系列横向科学的诞生，为现代设计方法的研究和推广奠定了丰厚的基础。1962 年，在英国伦敦召开的首次世界设计方法会议以及随后多次举行的有关问题研究探讨会议，掀起了国际性设计方法运动，并逐渐形成了研究方式各异、角度不同的多种流派，极大地丰富了设计方法论的研究和运作体系。

现代设计呈现多元化、动态化、优化及计算机化等特点。因此，必须依靠现代科学的设计方法和方法论，解决越来越复杂的设计课题。现代科学的发展趋势是综合化、边缘化，各种理论互相联系、互相渗透。随着创造方法、价值方法、优化方法、可靠性理论、相似理论、系统工程、人机工程等现代设计理论和方法的发展以及计算机技术的普遍应用，设计方法的研究也进入了一个新的发展阶段。

二、艺术设计方法类型

（一）设问法

提出问题是解决问题的一半，提出问题也是发现问题的深化和解决问题的开始。设问的核心是通过提问，使不明确的问题明朗化，从而缩小探寻和思考的范围，接近解决的目标。提出问题要有其科学性标准，没有标准与原则的提问，很可能会扰乱思路。为此，设问的方法是设计方案预测与构想的一个重要步骤，是产生设计目标的重要举措。设问检查型技法，是根据需要解决的问题或需要发明创造的对象列出有关的问题，然后逐个来核对、讨论和分析，从中获得解决问题的创造设想的一种创新技法。该技法是为避免空设的无目标地思考而设计出来的系统化的提问方式，使创新者能正确有效地把握发明创造的目标和方向，并大量开发创新设想。设问检查型技法实际上是发散型的思维方法，人们根据检查项目，可以从一个方面到一个方面地想问题，这样不仅有利于系统和周密地想问题，使思维更具条理性，也有利于较深入地发掘问题和有针对性地提出更多的可行性设想。

设问检查型技法几乎适用于任何类型与场合的创造活动，因而被称为"发明创造技法之母"。目前，创造学家已创造出许多具有各自特色的设问检查型技法。设问类技法适用于创造过程的各个阶段，实用性强，效果显著。当然，在解决关键技术问题时，还要使用具体的技术方法和手段才能真正解决问题。此外，设问类技法比较适合解决现场管理问题，但不适用于管理规划和解决重大决策问题。

（二）列举法

列举分析是人们常用的一种思维方式。列举法是一种针对某一具体事物的特定内容（如特点、优缺点、属性等），进行分析并将其全面地一一罗列出来，用以激发创新设想，找到发明创新主题的创新技法。列举法从本质上讲是一种分析法，它是把整体分解成部分，把复杂的事物分解成简单的要素，分别加以研究的思维模式。

属性列举法亦称特征列举法、特性列举法等，是美国内布拉斯加大学罗伯特·克劳福德教授在他 1954 年发表的《创造性思维方法》一书中正式提出的。属性列举法以系统论为基础，主张利用属性分解的方法对设计物进行全方位的研讨和评价，这是一种从事物的属性中萌发设想的分析技术。

克劳福德认为世界上一切新事物都出自旧事物，每个事物都是从另外的事物中产生发展而来的。创造必定是对旧事物某些特征的继承和改变。一般的创新都是对旧物改造的结果，所改造的主要方面是事物的特性。任何事物都有其属性，如果将研究的问题化整为零，就有利于产生创新设想。属性列举法就是通过对需革新、改进的对象做观察分析，尽量列举该事物的各种不同的特征，然后确定应该改善的方向及实施方法。

克劳福德认为："所谓创造，就是掌握呈现在眼前的事物属性，并且把它置换到其他事物上。"属性列举法的要点有两个："若问题分得越小，就越容易得出设想"，以及"各种产品或部件均有其属性"。日本产业能率大学的上野阳一，依此理论而将设计物的基本属性分为名词属性、形容词属性和动词属性。

（1）名词属性——全体、部分、材料、制造方法，事物的组成部分、材料、要素等。

（2）形容词属性——体积、颜色、形状，事物的性质、状态等。

（3）动词属性——使用方式、功能，事物的功能，特别是使事物具有存在意义的功能。

在确定了设计物以后，首先将其依照这三种属性进行了分解归类，逐层逐个地分析各分解因素的现状和可发展的内容，寻求其理想的最佳状态和最佳解决方法，然后进行全方位的综合调整，列出多个可供选择的设计方案，再回到对设计物属性的分析研究中，以取得最终的设计方案。这样从不同角度把事物分解为一系列特征，使问题简单化、具体化，易于发现和解决问题。当然，有时也可从其他方面对设计对象进行分析。

（1）物理特性：如软、硬、导电、轻、重等。

（2）化学特性：如怕光、易氧化生锈、耐酸等。

（3）结构特性：如固定结构、可变可拆结构、混合结构等。

（4）功能特性：如能吃、可玩、还可当礼品等。

（5）形态特性：如色、香、味、形等方面的特性。

（6）用途特性：事物可以用于哪些方面。

（7）使用者特性：适合哪些人使用，有何特征。

（8）经济性特性：其生产成本、销售价格、使用成本等。

属性列举法是一种最基本的列举分析法，在它的基础上又发展了缺点列举法，希望点列举法、信息列举法和成对列举法等。希望点列举法和成对列举法常用于开发新产品，而缺点列举法、属性列举法、信息列举法等则常用来进行老产品的改造。

列举法对于创新设计非常实用，它可以帮助人们克服感知不足的障碍，促使人们深入事物的方方面面进行思考，从而产生丰富的创新设想。

（三）联想法

人类从自身的创造活动和自然界的各种现象中受到启发，通过联想创造发明了无数推进人类进步的事物。例如，从鸟类的飞翔联想到人是否能够像鸟一样飞，从而引发了飞机的发明；从生物的神经网络联想到应用计算机，在世界范围内构建一个像神经网络一样的互联网来缩短时间和空间的距离等。

不同的心理意识状态下产生的联想也不尽相同，有无意联想和有意联想两种形式。人们创设出的许多联想方法，概括起来主要有简单联想法和强制联想法。设计创新毫无疑问需要联想，"人类失去联想世界将会怎样？"

联想创造法是根据预测事件之间的某种关联而展开的设计构想的一个非常重要的方法。从 20 世纪 30 年代创造学诞生起，联想创造就成为创造学重要的研究方向，成为创造中的基本技法。

简单联想法可分为接近联想和相似联想两类。接近联想是指发明者联想到时间、空间、形态或功能等比较接近的事物，从而产生出新的发明创造的技法。相似联想是指发明者对相似事物产生联想，从而产生发明创造的方法。采用相似联想方法将表面上差别很大，但意义上相似的事物联系起来，更有助于将创造思想从某一领域引导到另一领域。强制联想可以克服人们习惯性的思维模式，解除对创造力的束缚，可以起到变换角度、改变思路、打破不同事物间的界限，开阔眼界、避免思想僵化的作用。强制联想设计法是将设计目的和提示强制性地联系起来开发设计构想的方法。形态分析法、属性列举法、检核表法实际上也可作为强制联想法应用。

（四）组合法

所谓组合，就是两种或两种以上的事物结合。可以整体组合，也可以分解后组合，还可以相互组合。组合是在已有的原理、学科、技术、材料、产品、方法、功能、现象等基础上，按照一定的目的进行组合，形成统一的整体功能，获得新的成果，满足人们的欲望。组合不仅是量的变化，也是质的改变。

所谓组合法，就是把两种以上的产品、功能、方法或原理结合在一起，使之成为一种新产品的创造方法。组合的形式可以分为以下几种：按组合物的形态，分为整体组合、部分组合及整体与部分组合；按组合物的性质，分为同类组合、异类组合及主体附加组合；按组合物的数目，分为二元组合、多元组合；按组合方式，分为重组组合、移植组合、换元组合、综合组合等；按组合物的功能分，分为功能组合、功能引申和功能渗透三种；按组合的事物不同，分为原理组合、学科组合、技术组合、材料组合、功能组合、产品组合、方法组合、现象组合等；在自然界和人类社会中，有自然组合和人工组合两种。

据统计，20世纪重大的创新成果500多项，在前50年非组合的创新成果尚占有一定的比例；后50年，比例明显降低，而组合成果已占到80%以上。

以组合促创新，由组合求创新，是当今世界科技进步和社会发展的一种基本形式。

例如，遥感技术便是以微波技术和红外技术为结合点，将照相技术、扫描技术、自动控制技术和电子计算机技术等组合在一起形成的。美国的阿波罗登月计划，是现代大型的创新成果之一，然而，其负责人却直言不讳地说，阿波罗宇宙飞船的技术可以说没有一项是新的突破，都是现有的技术和材料等精确无误的组合。由于组合的广泛性和普遍性，因此许多卓有成就的发明家和学者都非常重视组合，声称组合是"创新的动力源泉"。

法兰西学院院士阿兰，佩雷菲特曾说："革新家就是这样一种人，他善于把人们想不到要联系起来的因素联系起来，而成功地使其变为有用的新事物。"组合很简单，但结果往往是惊人的。美国发明家肖克莱说："所谓创造，就是把以前独立的发明组合起来。"

日本科学家菊池诚也讲道："我认为发明有两条路：第一条是全新的发明，第二条是把已知其原理的事实进行组合。"可以这样说，组合就是创新！这便是组合原理的实质所在。

组合类技法是通过将已有的技术要素重新进行组合以实现创新的方法。组合创新方法与其他方法相比是一种成功率较高的方法，这是因为原始技术要素的创新有赖于基础科学理论的发展，通常难度较大，这使得在成功的创新成果中，应用组合创新方法取得的成果具有较大的比重。组合创新方法所使用的技术元素是已有的，通过组合所实现的功能却是全新的。

第七章　设计批评

本章主要内容是设计批评，从三个方面进行了阐述，分别是设计的批评对象及其批评者、设计批评的标准、设计批评理论，设计批评是一种多层次的行为，通过设计批评，我们可以独立地表达媒介描述、阐释和评价具体的设计作品。

第一节　设计的批评对象及其批评者

一、两者的范围与特征

设计批评的对象既可以是设计现象又可以是具体的设计品。设计品是一个很大的范畴，大而言之，早在史前，原始人使用的石刀石斧已是人类最早的设计品。我们甚至可以说，就连人本身也是设计品，是自我的设计品，就如萨特（Jean-PaulSartre）所说："人不是什么，人是自己所选择的……"

帕帕奈克这段话既是独到的设计批评，又是广义上对设计的解释。然而，作为批评对象的设计品，往往是指狭义上的，即现代设计创作的一切形式，包括产品设计、视觉传达设计和环境设计。具体分为工业设计、工艺美术、妇女装饰品、服装、美容、舞台美术、电影、电视、图片、包装、展示陈列、室内装饰、室外装潢、建筑、城市规划等，不一而足，统统可纳入批评对象的范围。

设计批评的主体是指设计的欣赏者和使用者批评主体的批评活动。可以诉诸文字、语言，也可以体现为购买行为。由于设计必须被消费，有大量的批评者就是设计的消费者，如果你买了一把椅子，那么你就是这把椅子的设计批评者。用符号学的话来说，设计批评者就是设计符号的接受者。如果我们将设计品——工业设计也好，作为传媒的广告设计也好，均看作创意的符号复合体，那么它与接收端的观众或消费者，即构成了解释关系。简而言之，解释者接收到设计所传递的信息，意味着将自己的符号贮备系统与设计的符号贮备系统进行对位、解码，也就自然地运用了判断、释义和评价功能，从而成为设计的批评者。购买行为本身就是一个显性的判断和结论。

设计与艺术不同，它不可能孤芳自赏，也不能留到后世待价而沽，设计必须当时被接受，被社会消费，这是由设计本身的目的性决定的。设计这一特殊性质，使得设计批评没有可能形成权威意见，不可能由哪个权威一锤定音，而要通过消费者自己判断。从深层的意义来讲，设计包含着广泛的民主意识，设计批评的主体即消费者，通过有选择地购买活动表达了这种民主性。

设计品绝对地依赖它的批评者。设计批评者与设计品的关系是一种密切的互动关系，这种关系可以从设计的实用功能和社会效果方面寻求解释，也能够从审美关系上找到答案。20 世纪 60 年代兴起的接受美学（Aesthetics of Reception）认为，一件作品的价值、意义和地位，并不是由它本身所决定的，而是由观者的欣赏、批评活动及接受程度决定的。作品本身仅仅是一种人工的艺术制品（artifact），要被印入观者的大脑，经过领悟、解释、融化后的再生物，才能成为真正的审美对象（Aesthetic Object）。前者是"第一文本"，后者是"第二文本"。第一文本如果没有经过接受过程，就没有实现其价值意义和地位。因此，设计作品即使仅就其美学意义而言，也永远不可能是一个自足的本体，而必须与欣赏、批评活动相互依存。共生共存这种观点与历史上早已存在的"社会效果论"还有所不同。"效果论"认为，作品是独立的、主动的，观众是消极的、处于被动地位。打个比方，如果作品像一道湍流，则观众就是水车，区别十分清楚；接受美学则认为，根本就不存在"湍流"与"水车"的区别，"第一文本"与"第二文本"共同构成作品，也就是说，欣赏者的接受活动"参与"了创作。设计符号在信息传递之中，创作者的"本意"（Intended Meaning）与接受者解码时的"理解意义"（Perceived Meaning）存在着一定差异，因此同一件设计品对不同的接受者含义不同，作品不存在独立性。批评者与批评对象构成交互作用的复合体。这里，我们不难理解现代主义设计尤其是国际式风格衰落的原因了。消费者从设计符号中解读到的意义可能与设计者和生产商的初衷大相径庭，现代主义设计忽视了接受者个人的因素和个性差别，而企图建立某种理想的统一标准，并通过工业大生产实现对消费者的影响、规范化与社会完善显然是不可能的。实际上，生产者不可能控制消费者，而只能与消费者进行合作。生产美学不可避免地被接受美学取代，接受美学的核心是强调接受者的地位，强调批评者与批评对象的有机生成关系，这显然正是后现代主义设计的出发点。

设计批评的主体具有族群性。由于设计的实用特征与社会特征，其消费者往往表现为族群批评者，即消费者分为若干文化群体，每个文化群体表现出不同的消费倾向。作为现代设计必要手段的市场研究正是通过对消费者的分类，对族群批评者的具体分析，为设计的定位提供必需的背景资料。计算机的发展为族群批评者的分类精细化提供了越来越多的可能性，使设计能够与更小的族群进行界面对话，而族群单位的缩小意味着其批评可以在内容上更加丰富多元与个性化。

设计批评的主体除了以消费方式进行批评外，还有以文字、言论发表批评意见的一类，这类批评者的影响超越了个人范围，其批评意见可能影响到消费者的购买倾向，甚至直接影响设计师。如拉斯金对1851年"水晶宫"博览会的猛烈抨击与他所宣扬的设计美学思想，很大程度上影响了当时英国公众甚至大洋彼岸美国公众的趣味，并且直接引导了莫里斯和他发起的艺术与工艺运动。

二、批评主体的多重身份

诉诸文辞的设计批评者有着广泛的背景，包括设计理论家、教育家、设计师、工程师、报纸杂志的设计评论员和编辑、企业家、政府官员等，他们以不同的社会身份、不同的立足点去评价设计，表现出设计批评的多层次性：这里的层次所指的不是高下差别，而是相对于不同目的需求的批评取向。如英国、美国的政府官员时常介入设计批评，因为每一次国际博览会后他们都要为展览会作书面报告。连英国维多利亚女王也曾为"水晶宫"博览会大发宏论，因为她的丈夫阿尔伯特亲王就是这次博览会组织委员会的主席，而她的评论也主要立足在为她的国家赢得荣誉上；撒切尔夫人任英国首相时，面对亟待振兴的英国经济专门谈到了设计的价值，并断言"设计是英国工业前途的根本"。

设计家介入批评是设计界一个经常的现象，虽然艺术家涉足艺术批评也不乏其人，自19世纪以法国为中心的艺术家大量卷入艺术批评，20世纪中期以美国为中心活跃在批评界的艺术家也大有人在，但其数量、比例与批评造成的影响与设计界相比是不可同日而语的。原因在于，设计同时是审美活动、经济活动、社会活动，设计特有的时效性意味着设计家介入批评的直接影响更大。许多声誉卓著的设计家同时也是了不起的设计批评家。他们编辑设计杂志，发表演说，在一所或多所大学任教，著书立说等。如包豪斯学校的创建人格罗皮乌斯除了在建筑和设计上的杰出贡献外，又是现代主义运动最有力的代言人之一。他是教育家、作家、批评家，是将包豪斯精神带到英国又传播到美国的人。法国先锋派代表、建筑家、设计家勒柯布西耶任《新精神》杂志编辑期间（1920—1925），对该杂志作了许多重大改革，并撰文倡导机器美学，他的一句有名的口号便是"房子是供人住的机器"。

再如著名的意大利后现代主义设计家蒙狄尼（Alexandra Mendini），他大量撰文为阿基米亚工作室摇旗呐喊，在任 Casabella 杂志编辑期间（1970—1976）针对"激进设计"（Radical Design）和"反设计"（Anti-design）发表了许多评论文章，随后又担任 DOMUS 杂志和 MODO 杂志（1976—1984）的编辑。20世纪80年代，他在消费主义和传媒方面也是活跃的评论家。其实，如果我们回顾一下设计发展的历史就会发现，每一个设计运动，尤其以现代主义先锋派各支队伍为代表——都会将某一刊物、学院、美术馆或画廊作为自己言论的阵地，团结一些观念相同的设计师、艺术家，营造一种声势和地位，最终推出一个新的运动，设计师与设计批评者的身份在历史上就是紧紧相连的。像沙利文、赖特、卢斯、密斯·凡·德·罗、拉姆斯、富勒（Richard B.Fuller）、文丘里、波希加斯（Oriol Bohigas）、布朗基（Andrea Branzi）、索特萨斯等一大批建筑师、设计师都是设计批评界名噪一时的人物。

三、批评的意义

设计批评是运用一定的设计观念、设计审美观念、批评标准或价值尺度对设计现象进行阐释和评价。这里包含了一定意义上的描述，不过，艺术批评中的描述，不可能是原形的如实再现，而必然带有阐释和评价的性质。因此，设计批评的任务便是以独立地表达媒介描述、阐释和评价具体的设计作品；设计批评是一种多层次的行为，包括历史的批评、再创造性的批评和批判性的批评。

就当前设计的发展而言，对当前设计新进展的评论，无疑具有更直接的意义。当代设计评论不仅需要对各种新人新作做出反应，而且需要对重要的设计现象、设计流派、设计运动进行评述，包括宏观性分时段、分文体的鸟瞰和剖析。

建立全方位多层面多视角多方法的批评体系。包括设计观念、审美时尚和价值标准，使设计批评具有深厚的学术理性和学术品格。

设计批评者的观念、理论素质和实践经验影响着设计批评的水平。因此，设计批评不仅仅是设计理论的简单表述方式，它更多地涉及现实的指导意义，从而达到正确引导消费之目的。设计批评最重要的任务是：针对设计产业和设计实务现象和问题给予正确而真实的理论分析和指导，从而带动设计产业乃至整个社会经济文化的进步。

任何事物只要是发展着的，它总会有传统与创新的问题。从唯物认识论上讲，传统是已有的东西，创新是追求未来的东西，没有传统作为基础和参照也就无所谓创新。当今，全球化的浪潮席卷世界各地之际，有很多东西都趋于一致化、均等化了。特别是处于弱势文化的一方，几乎失去了自主性，陷入拷贝主义的泥潭，在这样的一体化进程中，许多区域性的文化被破坏了。所以，人们一方面迫不及待地迎合全球一体化的文化品位，另一方面又在寻找具有地域文化特色的空间，以满足自身文化的需求。事实上，人类社会的发展是一个不断地扩大文化交流的过程。当代的每一个国家和民族，都纳入世界范围的多向多元的文化交流之中，它包括由文化传播而引起的文化接触、文化冲突、文化采借、文化移植、文化整合或文化融合的过程。东西方设计文化在相互对比、相互交流的大环境下，相比以往任何时代都更尊重文化的多样性和差异性，更加强调由文化的差异为地区所带来的价值和吸引力。因为，全球的文化生态必定是以文化物种的多样性来作为保证的。

所谓地域的就是国际的，创造具有本土特色的现代文化契机是随处存在的。这需要我们在继承和建设我们自身的设计文化时，能够很好地整合同质文化和异质文化，并勇于文化的不断创新。设计的目标之一就是激发人心中生命的能量和创造力。

总之，设计批评对建立设计实践、设计管理、创新意识、文化建设、设计价值取向的一体化系统，以及完善设计思维、提升设计价值、传播设计文化、促进设计产业生态环境的成熟等都有着十分重要的意义。

第二节　设计批评的标准

一、设计批评标准体系的参照标准

根据设计的要素和原则，我们可以创立一个评价体系：中国当今评价设计采用的参照坐标是从设计的科学性、适用性及艺术性上去进行考察，这三方面包括技术评价、功能评价、材质评价、经济评价、安全性评价、美学评价、创造性评价、人机工程评价等多个系统。当然，不同国家和地区沿用的评价标准及其量次是存在一些差异的。

中国台湾地区出版的《工业设计》杂志第 73 期报道了"世界各国优良设计评选标准"，其资料来源除了取材于日本的"Industrial Design"和"Design News"杂志外，还包括了它主动对世界 18 个国家和地区的设计奖评选机构进行调查的结果。鉴于德国的 IF 奖（IF Design Competition）的评选标准和项目最为全面，调查者便以此为参考坐标，将各个国家的评选标准进行了比较和统计，德国的标准共包括：实用性、功能性、安全性、耐久性、人因工程、独创性、调和环境、低公害性、视觉化、设计品质、启发性、提高生产率、价格合理、材质及其他，共 15 项。各国比较的结果表明，其中有 8 项标准的认同率在 50％以上，首先是功能性与品质（100％）；其次是造型优美、视觉化、独创性（87％），提高生产效率（75％），安全性（67％）等标准；在环保意识抬头的情势下，材质运用、耐久性、实用性（60％），调和环境（53％）等因素显然也占有重要地位；而产品的启发性、价格合理、人因工程、低公害 4 项标准也获得了 47％的认同率。至于"其他"类标准，美国的杰出工业设计奖含"有益于顾客"一项，英国设计奖多加了"完整的使用说明书"，中国台湾地区有"包装及 CIS 传达"，这一调查结果表明，虽然各国设计评估的参照标准及其量次不尽相同，但由于处于同一时代背景之下，它们又具有许多基本的共同点。

对这些多项标准，不同类型的设计各有其偏重，如产品设计特别强调技术，广告强调信息，室内装饰强调空间，包装设计强调保护功能，等等。然而，对于具体的某一设计而言，全面考虑其相应各项评估指标是十分必要的，单是满足一个或某几个评估系统并不能保证整个设计的成功，例如 20 世纪 70 年代轰动全球的协和式飞机（Concorde）的设计，由英、法两国上千名飞机设计师和工程师用了两年时间共同完成，它在功能上远远超过当时仅有的另一种超音速民用飞机——苏联的图 –144（Tupolev Tu–144），而审美上更是有口皆碑；但由于该飞机造价过高，仅生产了 16 架，便耗费英、法两国 30 多亿美元，法国拥有 5 架，英国拥有 6 架，还有 5 架卖不出去。超声速飞机耗油量很大，同时由于噪声过大，许多国家，包括美国在内，都限制协和式飞机只能在海域上空飞行。总体而言，协和式飞机的工业价值相当之低。因此，到了 2003 年 4 月 10 日，法国航空公司与英国航空公司同时宣布：将于当年的 10 月 31 日永久停止协和式超声速飞机的飞行，这个决定为协和式超声速飞机 27 年的商业运营历史画上了句号。

对同一设计品的评价，由于批评者立足的差异可能采取不同的尺度，如设计师强调创意，企业强调生产，商家强调市场，政府强调管理，然而标准的分离现象最典型的莫过于设计者与使用者参照标准的反差。举一个引人注目的例子，1954 年，日本设计师山崎实接受美国圣路易市的委托，设计一批低收入住宅，即著名的普鲁依特－艾戈（Pruitt–Igoe）住房工程。山崎实为了表达对于现代主义精神的坚定立场，采用了典型的现代主义手法来设计这批九层楼高的建筑，这批住房在完成时备受好评，美国建筑学会的建筑专家给它评了一个设计奖，认为这项工程为未来低成本的住房建设提供了一个范本。然而与之相反的是，那些住在房子里的人却感到它是一个失败的建筑，这个高层住房设计被证明不适合那些住户的生活方式：父母无法照看在户外活动玩耍的孩子；公共洗手间设置不够，使大厅和电梯成了实际上的厕所；住房与人不相称的空间尺度，破坏了居民传统的社会关系，使整个居住区内不文明与犯罪的活动泛滥成灾。后应居民的强烈请求，政府终于在 1972 年决定拆毁这个建筑群。

普鲁依特－艾戈工程显示了住房在被居住之前，建筑专家们是怎样评价设计的（根据静止的视觉标准）和怎样认为它是成功的，普鲁依特－艾戈工程的居民则是根据住在房子里的感受，而不是仅从它的外表来形成自己的批评。在一个会议上，当问到居民们对这些被设计家们称颂备至的建筑有何感想时，居民的回答是"拆了它！"美国在 20 世纪 60 年代中期建造了许多不成功的高层建筑街区，其失败集中表现了设计者与使用者的批评标准是如何不一致的。由于运用效果图这种手段来确定设计，带来了制作和策划的分离，以及后来设计和使用的分离这也造成了对设计进行评价的两种分离标准——设计者和产品使用者各自不同的标准。现代产品设计主要是依靠模型能够进行更大规模的产品实验，并创造增进生产的可能性，但经常也产生一个结果，即满足人们的需求方面出现偏差。自工业化后，全部产品设计都具有设计和制作严格分离的特征，因而也就不可避免地产生批评标准的二重性。

二、设计批评的历时性

设计批评的标准在其自然状态下，随时间的推移、社会的发展而不断地演化着。批评标准从根本上来说是一个历史的概念，时间、地域和文化的差异意味着人们对设计要素的不同理解。设计的发展经历了人类科学技术、意识形态、政治结构等多方面的重大变化，设计批评在每一个时期对于设计诸要素都表现出不同的倾向。功能本来是具有共性、相对稳定的标准，然而，设计品的功能可能发生转移，同一设计会因时代的不同而满足不同的功能要求。金字塔在古代埃及是做墓葬之用，并具有礼仪、宗教功能，现在金字塔的功能发生了转移，它成了审美对象及学术研究的对象。随着时代的变迁，功能概念的含义也在拓展、演变。在18世纪的设计理论中，功能是以"合目的性"的形式出现的，直至整个"功能决定形式"的现代主义时期，功能都是指设计满足人们一种或多种实际需要的能力，其含义是物质上的。到了后工业时代，功能有了全新的解释，功能是"产品与生活之间一种可能的关系"，即功能不是绝对的，而是有生命的、发展的。功能的含义不仅是物质上的，也是文化上的、精神上的。产品不仅要有使用价值，更要表达一种特定的文化内涵，使设计成为某一文化系统的隐喻或符号。如从"孟菲斯"设计小组的作品中，我们可以看出对功能问题的反思，及其从丰富的文化意义和不同情趣中派生出的关于材料、装饰及色彩等方面一系列的新观念。

最先将设计的批评标准问题推向前台的是英国的艺术与工艺运动，这个运动兴盛于1890—1910年，艺术与工艺运动为机器产品提出了一个更高的标准，使工艺的价值延伸到了设计领域，这在当时的家具设计中立即得到体现。然而，艺术与工艺运动以中世纪的手工业为楷模，以中世纪的浪漫主义为设计理想，这与当时工业已发展到机器大生产的社会现实背道而驰，而且它的批评标准也陷入了这样一个伦理矛盾：一方面，手工业的确可以缩小设计者、生产者、销售者与消费者之间的距离，因而有可能（这点也甚为可疑）从观念上和生产上对设计品倾注更多的爱心；另一方面，工业大生产意味着产品成本的降低和廉价商品，而手工艺产品——包括莫里斯等艺术与工艺运动代表们的大部分设计却过于昂贵，致使艺术与工艺运动的标准后来让位于机器美学是时代所趋，大势使然。

然而，设计在经历过现代主义运动之后，艺术与工艺运动的批评标准在20世纪60年代又有了回归之势，从拉斯金的批评观中，我们发现与后现代的设计批评具有某些相同之处，如拉斯金抨击那些脱离大众、自命清高的设计师时说道："如果制作者与使用者对某件作品不能引起共鸣，那么哪怕把它说成天堂的神品，事实上也不过是十分无聊的东西"。拉斯金所揭示的设计者与消费者的正确关系，实际上是近代设计"消费者中心"的思想，他提出设计师应当"向大自然汲取灵感"，而后现代主义设计确实在向自然回归。艺术与工艺运动曾面临的伦理矛盾，当代设计也可以通过计算机的帮助解决，他曾提出的关于设计的人本位、个性化标准，正是当代市场的取向，也是CAD设计（Computer Aided Design）的走向。艺术与工艺运动与后现代两个时期的批评都表现出对机器专制的反感，前者出于对工业大生产的担忧和缺乏了解，而后者却出于厌恶与太了解，亦即了解后的失望，两者的基础不同，后现代的批评不会排斥科技进步，因为正是依赖高技术，如计算机、合成材料等，设计才可能实现其多元化、个性化的目标。设计批评的标准随历史而演化，因时尚而不同，而时尚又表现出一定的历史循环性。所谓循环并非回到原来那一点，而是在新的社会条件下的历史回响。

机器美学在19世纪末已显出扶摇直上之势：最早接受机器并理解它的基

本性质及它与建筑、设计和装饰的结果的，是两个美国人沙利文和赖特，两个奥地利人卢斯和瓦格纳（Otto Wagner），以及一个比利时人凡·德·维尔德，他们拒绝复古主义，对机器和进步有深刻的认识，其批评思想越过了英国的前辈而进一步向前发展。沙利文提出功能标准："形式服从功能，此乃定律"，"功能不变，形式也不变"，曾做过他学生的赖特则在此基础上提出"功能与形式同为一体"，两人代表的芝加哥学派所宣扬的功能主义在 20 世纪前 50 年的设计批评中一直占据统治地位。凡·德·维尔德是新艺术运动的核心人物，经常往来于英、法、比、德诸国间传播他的设计思想，他对莫里斯的主张甚感兴趣，但是他指出：没有技术作为基础，新艺术就无从产生。1894 年，他在《为艺术清除障碍》一文中提出新艺术的批评标准和创作原则："美的第一条件是，根据理性法则和合理结构创造出来的符合功能的作品。"阿道夫 – 卢斯激进的反装饰思想曾轰动了欧洲和美洲大陆，他认为装饰是文化的堕落，装饰是"色情的"，他将所有装饰形式当作色情的回归，用弗洛伊德主义者的话称为"面目各异的堕落"。他还说："装饰是一种精力的浪费，因此也就浪费了人们的健康，历来如此，但在今天它还意味着材料的浪费，这两者合在一起就意味着资产的浪费"，因此，"装饰即罪恶"（Ornamentis Crime）。这些批评无疑是机器美学的先声。

19 世纪末至 20 世纪初，欧洲各国都兴起了形形色色的设计改革运动，它们在不同程度和不同方面为设计批评的新观点做出了贡献，其中最具有突破意义的是德意志制造联盟。德意志制造联盟成立于 1907 年，由一群热心设计教育与宣传的艺术家、建筑师、设计师、企业家和政治家组成，是一个积极推进工业设计的舆论族群。它的领袖穆特修斯曾作为德国官员在伦敦工作了七年，对英国产业革命和艺术与工艺运动有着深刻的了解。他认为：实用艺术（设计）同时具有艺术、文化和经济的意义；形式是最关键的美学判断标准，任何事物，"从沙发靠垫到城市规划"，都具备精神价值；形式的先决权不取决于个人爱好，而应由民族性来决定，而民族的形式取向又是传统所赋予的；新的形式并不是一种终结，而是"一种时代内在动力的视觉表现"，于是"形式"进入一般的文化领域，其目标是体现国家的统一。他声称，建立国家的美学其手段就是确立一种"标准"，以形成"一种统一的审美趣味"。显然，穆特修斯除了国家的技术标准体系外，还强调文化和形式上的标准。他与联盟的另一位领袖凡·德·维尔德发生意见分歧，主要表现在对"标准化"问题的看法上，维尔德断言："只要德意志联盟中还有艺术家存在，他们就坚决反对任何搞标准化的企图，因为艺术家从本质上讲就是热情的自我表现。"穆特修斯则认为："德意志制造联盟的一切活动，其目的只在于标准化。只有凭借标准化，造型艺术家才能把握文明时代最重要的因素；只有利用标准化，让公众愉快地接受标准化的结果，才谈得上探讨设计的风格和趣味问题。"这场争论引起了很大的轰动，双方都有广大的支持者，然而事实证明，穆特修斯的观点代表了机器时代的主流。

第一次世界大战之后，现代主义的信条在荷兰、德国、法国、新兴的苏联都确立起来。纯形式主义的艺术批评已为工业产品的几何形态进入美学范畴奠定了基础。对于设计批评而言，功能、技术、反历史主义、社会道德、真理、广泛性、进步、意识以及宗教的形式表达等概念，成了批评家最常用的语汇。各国的设计也逐渐打破了民族的界限，最后形成20世纪30年代的"国际式风格"。根据保罗·格林哈尔希（Paul Greenhalgh）的划分，"国际式风格"前的现代主义（1914—1930）称为现代主义。先锋派的观念最终以包豪斯为代表，包豪斯的理想是打破艺术、设计、工艺及建筑之间的各种界限，创造"Gesamtkunstwerk"（总体艺术品，total art works）。其思想和实践在社会上引起空前的反响，后来它的精神被带到英国又带到了美国，在那里，流亡师生们被当作"伟大的白色上帝"（沃尔夫语）来看待。20世纪30年代新大陆风靡一时的"国际式风格"实际上就是包豪斯的设计风格化的结果，成千上万的信徒奉包豪斯设计为至高无上的准绳，正如评论家、建筑学家沃尔夫所说："如果有人说你模仿密斯、格罗皮乌斯或者勒柯布西耶，那有什么？这不就像在说一个基督徒在模仿耶稣基督一样吗？"从一个侧面反映了当时批评界对包豪斯的推崇崇拜的结果，使此时的设计不可避免地走上"国际式风格"的道路，作为设计批评的时尚，"国际式风格"到 20 世纪 50 年代已发展到了极限。

对于国际式风格那种冷漠、缺乏个性和人情味的设计，人们已经越来越感到厌倦。于是，20 世纪 60 年代的设计家们推出了"波普设计"（Pop Design），以迎合大众的审美趣味为目的，打破所谓高雅与通俗趣味的差别。从此，色彩和装饰被重新运用，一些古典主义的视觉语汇（如三角额墙）也被重新用在建筑中，历史主义东山再起了。"后现代主义"（Post-Modernism）作为一个设计批评的概念，始于 20 世纪 70 年代查尔斯·詹克斯发表的建筑理论，一时广为传播。后现代主义概念代表了现代主义的幻灭，人们已失去了对进步、理性、人类良心这些现代主义信念的信心，现代主义发展到头不是流于空洞的国际式风格，就是为右翼或左翼的专制主义所利用。正如曾经领导过西班牙现代主义运动的设计师兼设计理论家奥里尔·波希加斯，在 1968 年代表后现代主义对现代主义所作的批评："我们再也不考虑所谓完全设计（total design）的可能了……因为我们已经清楚地认识到，那无异于所有专制主义者共同的做法，即企图创造这样一个世界——这个世界既能表达客观事物形式上的秩序，又能够无视人类本身固有的无秩序性。

1972 年，日本设计师山崎实设计的普鲁依特－艾戈住宅区的拆毁，而被认为是现代主义结束的标志，继之而起的是后现代主义设计。我们看见，设计批评的标准又发生了重大转变，现代主义的"生产"理想转向了"生活"理想；过去宣扬设计的广泛性，通过设计的理念引导消费者，而今转为尊重消费者，尊重个性，使设计适应消费者情感上的要求。我们从意大利阿基米亚小组、孟菲斯设计小组的设计中，从美国和英国工艺复兴（Craft Revival）、"新感受"（High-touch）的追求中，都可以看到"感觉"成分的提高。自 20 世纪 60 年代末，欧洲和美洲大陆掀起了一系列的"激进设计"和"反设计"运动，尤以意大利和英国为表率，如 Archizoom, Super studio, UFO, ARCHIGRAM 等，它们激烈的设计宣言，乌托邦式的设计理想，要融设计、建筑、城市规划于一体，来改变人们对环境的概念，以及有意地破坏设计的视觉语言等追求，都可以看作对过去所谓"好的设计"（good design）标准的反叛，转向注重消费者的参与，注重设计满足消费者的特殊需求，亦即生产美学向商品美学的转型。虽然20世纪70年代由于经济的衰退这些运动失去了活力，但20世纪80年代又迎来了"新设计"（New Design），或名"新平面设计"（New Graphics）或"新浪潮"（New Wave），而且理论上更成熟坚实。意大利设计家、哲学家安德里·布朗基于1984年出版了《热屋：意大利新浪潮设计》一书，声言"新设计"摆脱了过去大市场的一体化——正是这种趋向使福特主义乃至国际式风格走向衰亡，而"新设计"则表达了工业社会本身的矛盾与悖论。他宣扬将应用美术融于设计之中，使之"充满符号、引语、隐喻和装饰"。这种表述明显地看得出受罗兰·巴特（Roland Barthe）的影响。布朗基确实代表了意大利后现代主义对设计所作的哲学上的反思，从他1985年为孟菲斯设计的"木莲"（Magnolia）书架，即可对他的主张窥见一斑，功能主义、理性主义已被扬弃，至于现代主义"Lessismore"（少即是多）的教条，文丘里已经将它诙谐地更改了一个音节"Lessisbore"（少即是厌烦），现代主义的批评标准在后工业时代已不再被认同。

后现代主义的设计批评将重点由机器和产品转移到了过程和人，消费者的反应成为检验设计成功与否的决定因素。设计的"消费者化"（Consumerizalion）与灵活已成为设计的必要特征和手段。为了适应各不相同的消费族群，甚至为了满足个人爱好，机器大生产逐步地调整为灵活的、可变生产系统，市场研究成了设计不可或缺的环节，许多大公尤其以日本公司为最，如SHARP、SONY等，长期雇用了一大批文化学者作为顾问，为设计做定位分析，判断设计的取向，这帮人广泛研究消费者的心理和习惯，甚至还研究一个地区的政治趋势等，以便更准确地预测市场机会。

虽然在第二次世界大战后的一段时间里，许多设计机构还在致力于为"优良设计"建立一套以功能主义为基础的永恒标准，但到20世纪60年代，不少设计师和批评家开始认识到，在一个不断发展和变化的机会，试图保持唯一正统的设计标准是很困难的。他们发现 50 年代商业性设计所体现出来的大众性和象征性似乎更有生命力。英国著名的设计批评家班纳姆指出："50 年代商业性的工业设计比包豪斯的教条更适于汽车设计。"50 年代的小汽车以其"华丽夺目，体积庞大，二度空间感，刻意展示技术手段以构成力量的象征等特点，使任何见到它的人都为之动容"。他声称："要求那些使用寿命短暂的产品体现出永恒有效的质量是荒唐的。"高速发展的技术，需要与之相应的转瞬即逝的美学，与此同时，先前鼓吹"优良设计"的那些设计机构的负责人也正视现实，纷纷开始接受一种相对论的美学。英国设计委员会前主席培利（Poul Peilly）指出："我们正从依赖于永恒的、万能的价值观转变到承认这样一个事实，即在特定的时间内为特定的目的，一个设计才有可能是有生命力的……这就是说，产品必须很好的反映功能，但在电子时代，这两者是并驾齐驱的。"现代主义的批评执着地追求一个恒久的、放之四海而皆准的标准，这与充满活力、处于不断变化的工业社会根本上就是矛盾的。此外，设计总是具体的，而标准则有抽象意味。正如艺术批评被称为运动着的美学一样，设计批评也随着时代的变化、社会的发展而更换着标准。标准总是很高的，是一个时代的理想，而整个看来，标准又是运动的，表现出明显的历时性和相对性。

三、设计批评的方式

设计批评有两种特殊方式，国际博览会和族群批评。

（一）国际博览会

以检阅世界最新的设计成就，广泛引发社会各界的批评和购买为目的的国际博览会，其来历应追溯到 1851 年在英国伦敦海德公园举行的"水晶宫"国际工业博览会。这个博览会在设计史上具有重要意义，它暴露了新时代设计中的最大问题，引起激烈的争论，在致力于设计改革的人士中兴起了分析新的美学原则的活动，起到了指导设计的作用。而且从此以后，国际博览会这一形式就被固定下来，频频举办，每一次在不同城市，由该国政府出面承办展览，虽然主要是在几个工业国家举行，展品却是全球性的，包括非洲、远东国家的工艺品、家具等。

英国举办第一次国际工业博览会，目的既是向世界炫耀它的工业革命成就，也是试图通过展览会批评的形式，改善公众的审美情趣，制止设计中装饰风格的无节制的模仿。举办展览会的建议是由英国艺术学会提出的，维多利亚女王的丈夫阿尔伯特亲王亲自担任博览会组织委员会的主席，柯尔负责具体的组织工作，皮金负责组织展品评审团。另有一些著名的设计家、理论家如桑佩尔等也都参加了组织工作。由于时间紧迫，无法以传统的方式建造展览会建筑，组委会采用了皇家园艺总监帕克斯顿的"水晶宫"设计方案，即采取装配温室的办法，用玻璃和钢铁建成"水晶宫"庞大的外壳，这是世界上第一座使用金属和玻璃，采取重复生产的标准预制单元构件建造起来的大型建筑，它本身就是工业革命成果最好的展示，与19世纪其他工程一样，在现代设计的发展进程中占有重要地位。然而，当时的人们对它的态度毁誉不一，有人甚至讥讽地称之为"大鸟笼"，拉斯金批评它"冷得像黄瓜"，皮金称之为"玻璃怪物"。

"水晶宫"中展出的内容却与其建筑形成鲜明对比，各国送展的展品大多是机制产品，其中不少是为参展特制的：展品中有各种各样的历史样式，反映出一种普遍的漠视设计原则和滥用装饰的操作。热情厂家试图通过这次隆重的博览会，向公众展示其通过应用"艺术"来提高身价的妙方，这显然与组织者的原意相去甚远，只有美国的展品设计简朴而有效，其中多为农机、军械产品，它们真实地反映了机器生产的特点和既定功能。虽然美国仓促布置的展厅开始遭到嘲笑，但后来评论家们都公认美国的成功。参观展览的法国评论家拉伯德（Le de Laborde）说："欧洲观察家对美国展品所达到的表现之简洁、技术之正确、造型之坚实颇为惊叹。"并且预言："美国将会成为富有艺术性的工业民族。"然而总体来说，这次展览在美学上是失败的。一方面，由于宣传盛赞这次展览的独创性与展品之丰富，蜂拥而至的观众对标志着工业进展的产品留下了深刻印象；但另一方面，展出的批量生产的产品被浮夸的、不适当的装饰破坏了，激起了尖锐的批评。其后若干年，对博览会的批评都还在持续，其中最有影响的人物是皮金、拉斯金、琼斯和莫里斯。欧洲各国代表的反应也相当强烈，他们将观察的结果带回本国，其批评直接影响了本国的设计思想。

伦敦"水晶宫"博览会后，英国工业品的订货量急剧上升。从水晶宫博览会的举办前后，我们可以看出博览会这一批评形式的运作方式。首先，展品入选必须经过博览会展品评选团的专家认定，这便是一个审查批评的过程；在博览会期间和会后，展团的互评，观众的批评，主办机构的批评，各国政府官员的评论和报告，以及厂家及消费者的订货，反映出这种设计批评形式的广泛影响和独特作用。无论博览会成功与否，其社会效应是直接的、超越国界的，而且是多方面的。每一届国际博览会都有一个关注的焦点或争议的主题。这一系列频频举办的博览会除了推动设计批评和设计发展外，同时有效地促进了各国工业化的竞争。

继伦敦水晶宫博览会后，接踵而来的著名博览会有：1853年纽约"水晶宫"博览会，但由于施工不良和组织不善造成失败；1855年、1867年、1878年的巴黎博览会赢得了建筑上的声誉；1889年的巴黎博览会，为了纪念法国革命100周年建造了埃菲尔铁塔；1876年的费城博览会和1893年的芝加哥博览会，让世界认识到美国的发明与工业生产的能力；1896年的柏林博览会及1898年德累斯顿博览会，德国工业设计脱颖而出；1900年的巴黎博览会，法国新艺术设计为设计史留下了"1900年风格"；1925年巴黎国际现代艺术暨工业博览会值得格外留意，它代表了艺术装饰风（Art Deco）的极限，其奢侈豪华引起了各界的抨击，唯有勒柯布西耶的"新精神"馆与众不同，独树一帜；1929年巴塞罗那世界博览会，密斯设计的德国馆实现了"技术与文化融合的理想"；1930年和1935年比利时举办的列日博览会及布鲁塞尔博览会，为世界人文发展提供了广阔前景；1937年的巴黎博览会，国际式风格与民族主义（如希特勒的首席建筑师斯皮尔设计的德国馆）并驾齐驱；1939年的纽约博览会，推出了

"未来城市乌托邦"模型以及"流线型"（Stream form）设计，由于战争，世界博览会就此停办。第二次世界大战以后才得以恢复，其中著名的有1958年的布鲁塞尔博览会，此后1962年的西雅图博览会，1967年的蒙特利尔博览会，1970年的大阪工业博览会，1974年的华盛顿博览会等。2010年在上海举办的"世博会"，正是这一传统的继承。

自1851年开办以来，国际博览会这一批评形式对现代设计运动起了巨大的影响和推动作用，事实上，国际博览会本身就是现代设计的一部分。

（二）族群批评

另一种较为特殊的设计批评方式是我们所说的族群批评，其中包括审查批评与族群购买。

审查批评指的是设计方案的审查小组以消费者代表的身份对设计方案进行审查与评估，以及对设计的投资方与设计方进行谈判磋商的过程。这种批评由特定小组承担，常常包括专家群体，投资方，政府主管部门，使用系统的主管，甚至生产部门的代表。他们从消费者的角度，以市场的眼光对设计方案进行分析和综合审查。包括审查图纸、样品、模型以及试销效果，如果设计与消费者的需要发生冲突，则这一族群批评绝对是站在消费者的立场，要求对设计方案进行修正。当然，尽管审查批评者力求预见消费者的反馈，但有时也不尽如人意，比如审查小组未能成功地代表消费者的利益。前文"批评标准"一节中谈到的普鲁依特－艾戈住房工程便是一例。

族群购买是消费者直接参与的设计批评。所谓族群购买，是指消费者表现为不同的购买群体，而每个群体都有其特定的行为、语言、时尚和传统，都有各自不同的消费需求。不同的消费群体即不同的文化群体，而各种市场的并存，正反映了不同文化群体的族群批评。现代设计便是抓住了消费族群的群体特征并且有意地强化这些特征；消费者的族群购买则接受了这种对自己族群特征的概括与强调，同时反过来进一步巩固族群特征。在正常的情况下，男人不会消费女性的服装，青年女性对中老年时装也不感兴趣。麦当劳快餐店的主要消费者是少年儿童，它的设计就紧紧抓住儿童心理，在整套 CI 形象上，在销售策划上都突出和夸张儿童的特征，以吸引族群消费者。族群消费除了跟这个文化群体固有的特征有关外，跟消费者的从众心理也有关系。

族群批评是消费者自我无意识的反映，族群批评这一形式被公司的市场机构高度重视，他们所做的广告分析、市场定性、定量研究，都是以消费者的族群批评为研究框架，通过对个体意见的统计归纳，达到对族群特征最准确、最适时的把握，使自己的产品在设计更新上更好地迎合族群批评。事先了解族群批评是设计成功的基本条件，也就是说，产品必须主动地选择它的批评者，使自己跻身于特定的群体之中，譬如，一种新的饮料选择了年龄在 6—17 岁阶段的消费者，那么饮料的广告设计、包装设计、口味配方、货柜陈列、促销策略，都必须围绕这个族群的诉求点，针对它的心理特征、购买习惯、购买力、空间行动等特点来进行。20 世纪 60 年代以来，由于工业自动化程度的不断提高，大大增加了生产的灵活性，使小批量的多样化成为可能；大生产厂家采用了计算机辅助生产（CAM），在可编程控制器、机器人和可变生产系统的帮助下，设计可以在多样性和时尚方面下功夫，更好地满足族群购买的需求。计算机辅助设计（CAD）也促进了设计多元化的繁荣，并且与族群批评者建立起更好的合作界面。至于现代主义设计，则是以大批量销售市场为前提的，因而它必须强调标准化，要求将消费者不同类型的行为和传统转换为固定的统一模式，并依赖一个庞大均匀的市场；其设计的指导思想是使产品能够适用于任何人，但结果往往事与愿违，反而不适于任何人。20 世纪 60 年代以来，均匀市场消失，面对各种各样的族群批评，设计只能以多样化战略来应付，并且有意识地向产品注入新的、强烈的文化因素。

族群批评本身带有大量的文化因素，20 世纪 60 年代，对残疾人日常生活的关注成为社会舆论的一个主题，甚至是一个时髦的话题。1969 年《设计》杂志有整整一期都在讨论这个设计题目，即所谓"残疾人设计"（Design for

Disabled），残疾人是一个特殊的消费族群。从道德的角度出发，当时许多设计师都为他们做出了努力，并产生了不少优秀的设计，如残疾人国际标志，以及一系列专门适用于残疾人的日用品。获得 2011 年红点奖概念设计奖的《跷跷板浴缸》，是一款专门针对残障人士设计的浴缸，设计师采用跷跷板原理，解决了残疾人洗澡的问题，让他们能够在不借助别人帮助的情况下，独立进出浴缸，完成舒适的洗浴体验。

女性主义（Feminism）的族群批评是又一个极有代表性的例子。它首先是 20 世纪 60 年代女性主义运动的产物：一方面包括女性主义设计史家和批评家从文化学、社会学、心理分析和人类学的角度重新评估女性群体对设计发展的贡献；另一方面也包括以女性消费者的眼光评价男人设计的环境，男人在设计建筑、公共场所、交通环境等设施上，怎样以物质形态反映女性的地位。至于女性族群批评，则是一个很大的概念，谈论它往往要具体到某一文化群体。女性作为一支庞大的购物生力军，其族群批评是商家悉心分类、分析的对象。

第三节　设计批评理论

设计批评的理论包括两层含义：一是指当时的人所提出的关于设计的批评思想，二是后人对这些批评思想所做的分析与理论研究。后一种情况带有史学的意味。

一、设计批评理论的出现与发展

最早出现的设计批评理论是关于设计功能的探讨，我们可以追溯到 18 世纪的威廉·荷加斯的著作《美的分析》，在该书中，他对设计的美应以满足实用需要为目的作了敏锐的分析。书的第一章以"关于适合性"开始，他写道："设计每个组成部分的合目的性使设计得以形成，同时也是达到整体美的重要因素……对于造船而言，每一部分是为适应航海这一目的设计的，当一条船便于行驶时，水手便将它称为美的，美与合目的性是紧密相连的。"荷加斯对洛可可风格的意义作出了高度评价，提出以线条为特征的视觉美及以适用性为特征的理性美。18 世纪的工业革命给英国带来重大变化，整个国家对机器的革新和工业的进步充满好奇和兴趣，而如何将美与机器效率协调起来，这就意味着出现了一个美学问题。哲学家们写下了大量关于美的思辨论著，整个 18 世纪充满理性气息。然而现代意义上的设计批评理论，却是从 19 世纪才开始的，1837 年在伦敦成立的"设计学校"（School of Design）推动了设计和设计批评的发展，而 19 世纪对工业革命的反响，则成为设计批评理论响亮的开篇。

1835 年，英国议会指定了一个专门委员会，以商议外国进口增加的问题，并试图找到"在民众中扩大艺术知识和设计原则的最佳方法"。委员会认为，法国和德国的优秀设计得益于学校教育，年轻的设计师受到良好训练，制造商则可以模仿范本。在 1836 年发表的《艺术与产业报告》中，委员会得出如下结论："拯救英国工业未来的唯一机会就是向人们灌注对艺术的热爱。"该报告促成了政府建议成立新的设计学校，同时促成了第一个博物馆的建立。在皇家学院的倡议下，第一所"设计学校"成立了。一些具有远见的批评家将它看作新机器时代的重要标志，提出美术必须向工业靠拢的论点。19 世纪，批评家认识到，随着生产的发展和新的消费层的出现，古典主义的标准失落了，取而代之的是风格上的折中主义，因此，他们都力图寻找设计和现代社会的某种和谐关系。

面对设计标准的下降，一些批评家首先责难批量生产与技术进步，后来扩展到与工业化有关的社会问题。他们主张重新评价过去时代的贡献，竭力推崇中世纪文化，宣扬将哥特式作为一种国家风格、一种统一的审美情趣应用到设计与装饰艺术中去。其主要代表人物是皮金、拉斯金和莫里斯。建筑家皮金在 1836 年出版的《对比》一书的扉页上，以嘲弄的口吻批评当时的设计状况："六节课就能教会设计哥特式、朴素的希腊式和混合式风格"，而针对这种流行病，他认为只有回归到中世纪的信仰才是在建筑和设计中获得美与适当性的方法。对皮金而言，哥特式的复兴代表着一种具有精神价值的设计运动，这种精神基础在一个价值观迅速改变的社会中是必不可少的要素。他的批评思想使他成为后来艺术与工艺运动的先行者。他认为设计基本上是一种道德活动，而设计者的态度通过其作品转移到了别人身上，因此，"理想越高，则设计的水准也越高"。皮金反对人工材料，反对平面上装饰三度空间的方法，并抨击装饰过多的花样。他同时还是政府设计学校的激烈批评者。皮金的思想受到一群设计师的响应，其中一位是柯尔——世界上第一枚邮票"黑便士"的设计者，他对皮金的"设计原则"推崇备至，同时又强调设计的商业意识，试图使设计更直接地与工业结合。1849 年，他创办了《设计》杂志，成为他和同事表达批评思想的场所，在设计的道德标准以及装饰的重要性问题上，他与同时代的批评家思想一致，"只有当装饰的处理与生产的科学理论严格一致，也就是说，当材料的物理条件、制造过程的经济性限定和支配了设计师想象力驰骋的天地时，设计中的美才可能获得"。早期的设计批评理论表现出将设计与伦理道德结合的思想，并常常致力于装饰问题的讨论。

对于 1851 年"水晶宫"国际工业博览会，影响最深远的批评来自拉斯金，以及其设计美学思想的追随者、艺术与工艺运动的领袖莫里斯和阿什比。与皮金一样，他们对中世纪社会和艺术推崇备至，对于博览会毫无节制的过度装饰甚为反感。但是，他们将粗制滥造的原因归咎于机械化大生产，因而竭力指责工业及工业产品，其批评思想基本上是基于对中世纪文化的怀旧感和对机器的否定，虽然拉斯金指出，"目睹蒸汽机车飞啸而过时，人不禁怀有一种惊愕的敬畏和受压抑的渺小之感"，但机器及工业产品在他的美学思想中没有一席之地，他曾经写道："人类并不倾向于用工具的准确性来工作，也不倾向于用工具的准确性来生活，如果使用那种准确性来要求他们并使他们的指头像齿轮一样去度量角度，使他们的手臂像圆规一样画弧，那你就没有赋予他们以人的属性。"拉斯金认为，只有幸福和道德高尚的人才能产生美的设计，而工业化生产和劳动分工剥夺了人的创造性，同时带来许多社会问题。他的建筑和设计批评理论，以《建筑的七盏明灯》为代表。他为建筑和设计提出了若干准则，后来成为艺术与工艺运动重要的理论基础，莫里斯便直接继承了拉斯金的思想。

许多设计批评家、史学家都强调 19 世纪关于设计的道德方面批评的意义，认为它为现代主义设计奠定了基础。佩夫斯纳的《现代运动的先驱者》对现代主义来龙去脉的分析大大帮助了人们理解现代主义思想的发展。该书 1949 年版的标题成了《现代设计的先驱者》，并加了副标题"从威廉，莫里斯到沃特·格罗皮乌斯"（From William Morristo Walter Gropius）。佩夫斯纳指出："莫里斯通过把手工艺作为艺术这一称得上是人类最佳行为的事物，使之得以复兴，（现代）运动由此开始；1900 年的先驱者们已由于发现机器艺术大量的、未经证实的可行性而走得更远了……莫里斯给现代风格设立了基本原则，再加上格罗皮乌斯，它的个性最终确立。"

《现代设计的先驱者》从建筑家和设计师的设计思想上去追根溯源，在例证中对建筑的评论大于设计与工艺。全书的理论核心在于"现代主义是对 19 世纪至 20 世纪逐渐扩大的工业化之反响"。他指出，莫里斯发动了关于设计标准的争论，除了从美学批评的角度反对机器对手工艺品亦步亦趋的模仿，尤其是对手工业装饰的模仿，莫里斯还从意识形态上对机器生产作出了剖析与批评：工业主义带来的劳动分工从根本上割裂了人与工作的一致性——正如马克思所说，"人变成了仅仅是机器的附属物"，不过，当莫里斯和艺术与工艺运动以回到中世纪手工生产为理想去解决问题之时，英格兰之外的国家对设计却怀有不同的理想和不同的解决途径。芝加哥学派，维也纳分离派，法国、比利时、瑞典、西班牙等各国的新艺术运动都有一个共同点，就是充分肯定机器的潜力以及设计同技术结合的前景。

在设计批评思想的发展这个问题上，佩夫斯纳及他的众多追随者往往将莫里斯的观念直接与赫尔曼·穆特修斯的思想联系起来。然而，近年来，以赫斯克特为代表的批评理论则倾向于将 19 世纪关于商品生产道德方面的争论与资产阶级自由主义的发展联系起来分析。赫斯克特认为，德意志制造联盟的重要性在于它力图将 1880—1940 年形形色色的设计运动和思想带入一个明确、清晰的方向，其理论支柱有两条：第一，艺术的追求与技术和机械措施并不互相排斥，而是可以协调起来；第二，建筑及设计是民族文化的表现，不同民族自然地表现出不同的文化标准。

20 世纪早期的设计批评理论影响最大的是构成主义美学和新造型美学。苏联构成主义的理论在抽去它的政治色彩后，便成为被西方广泛接纳的构成主义美学（Constructive Aesthetics）。构成主义美学宣扬打破传统，赋予艺术和设计更大的民主性而非精英文化；强调人类经验的"广泛性"，认为人类在自然的象征主义和抽象的象征主义方面有着共同的语汇，这一理论对荷兰"风格派"的设计批评造成显著的影响。风格派以《风格》杂志为喉舌，在新柏拉图主义（Neo-Platonism）和格式塔心理学（Gestalt）基础上提出重组空间的概念，即把空间概念缩减成并列系统，不论是设计一把椅子还是设计一幢大厦，都应该使内部结构与外部结构的区别减到最小限度，这便是风格派提出的新造型主义（Neo-Plasticism）。这种追求"纯粹和谐设计"的思想一直贯穿于现代主义设计批评，它是由风格派早期领袖之一、画家蒙德里安（Mondrian）最先使用的。新造型主义最有影响的理论家是凡·杜斯堡，他直接影响了包豪斯的批评思想。

包豪斯主义汇聚了现代主义设计批评的主流，包豪斯成了设计革命和思想创新的象征。格罗皮乌斯在他的《全面建筑观》中写道：我们正处在一个生活大变动的时期，旧社会在机器的冲击下破碎了，新社会正在形成之中。我们的设计必须发展，不断地随着生活的变化而改变形式，绝不只是表面的追求"风格"。历史表明，美的观念随着思想和技术进步而改变，谁要是以为自己发现了永恒的美，他就会陷入模仿因袭而停滞不前，真正的传统是不断前进的产物，它的本质是运动的，不是静止的，传统应该推动人们不断前进，现代建筑不是老树上长出的新枝，而是新的土壤中生长出来的幼株。

在格罗皮乌斯为新时代的设计界定、解说的同时，勒柯布西耶在法国出版了一系列的著作，宣扬他的现代主义设计理论和批评理论。他的批评观特别反映在《走向新建筑》中，他将现代主义的重要性扩展到了城市规划乃至整个人类社会的终极理想。

总的来看，现代主义的设计批评理论将设计的道德责任放在重要位置。由于感到在工业社会中，人们已经在主宰他们经济与政治力量的重压下变得冷酷起来，针对这种人与人之间的鸿沟，"真实"的价值被高度强调。从美学角度，强调装饰不可以掩盖掉设计品的本来性质，即它的基本构造和空间的真实性。包豪斯宣扬的"总体艺术品"还隐含有艺术不该存在等级之分之意，其宣扬充分利用技术意味着设计品的批量生产可望达到街上每个人都有权享用的程度。功能被放在第一位，即设计首先要合用，而在此基础上，也要追求高度的美感——就是沙利文所谓的"形式服从功能"的要旨。表现主义的特质被认为是不适合设计的，不过，如果仔细阅读勒柯布西耶的著作，我们发现勒柯布西耶认为表现的价值也是美学发展的一部分，而人类的进步包含了政治结构的进步、科技的进步和美学的发展。他认为人类如果要发展，那么历史上的各种风格及工艺都应被淘汰。这种反历史主义的理论不是说过去大师们的成就应该弃而不用，是指对过去的利用应该是重新运用，而不是为了唤起回忆，抽象形式的运用正好可以避免设计的叙事性或象征主义倾向。

如果历史主义是相对时间而言，那么民族主义则是相对空间而言——同样地，应该通过国际主义和大众化打破人们空间的隔离。现代主义的批评理论竭力鼓吹打破学科界限，打破消费者阶级差别界限。其实，所谓"国际式风格"的理念并非 20 世纪 30 年代才出现的，新艺术运动的设计师和理论家们早已提出过，他们的"通用语言"是自然形式。现代主义批评理论源于柏拉图式的信仰，它宣扬抽象形式基于相信存在一种永恒之美，其理想主义正如佩夫斯纳所指出的，是基于"对科学技术的信仰，对社会科学和合理规划的信仰，对机器的轰鸣和速度之浪漫主义的信仰"，认为设计可以改变人的意识，而通过设计对环境条件的改善，设计师可以影响设计品的观者和享用者。这是一种典型的因果论，这种因果论根植于 20 世纪初至 20 世纪 20 年代盛行的行为主义哲学和格式塔心理学的土壤。

比之于现代主义的艺术批评理论，现代主义的设计批评理论是较为温和、有限制的。它的信条不是指在形成当时的历史条件下就能实现，而是作为一种长久的道德观。它的生成是在 1900—1930 年，这段欧洲社会和视觉艺术剧烈变化的时期，欧洲的城市化和工业化迅速发展，电力广泛使用，汽车、电话、电影、摩天大楼应运而生，在马克思、尼采、弗洛伊德关于尘世的哲学影响之下，各种新的世界观纷纷形成，处处都可以见到这样的思想——世界将会发生根本性的变化，设计批评理论也深以为然。

二、设计批评理论的多元化

世界处在不断变化之中，第二次世界大战以后，人们的意识形态发生了极大的转变。弗洛伊德心理学已指出，我们是由不可控制的无意识（unconsciousness）这一"隐藏的冰山"所控制的，而语言学家又发现，与其说我们人类创造了语言，不如说语言创造了人类，于是，对绝对真理的信仰也失落了。符号学指出，我们自身是由一系列的符号、象征、图像和（或）隐喻不断的交互作用组成的。从某种程度上讲，这种对同一性和绝对性的否定表明了一种自由的获得。如今，人能够重塑自我，根据个人的愿望和需要持不同的见解了。有的批评家认为，在大众传媒作用下，社会正在由变形走向精神分裂。

法国后现代主义最著名的理论家鲍德里亚曾用解构方式探索了广告与消费文化对当代社会的影响，尤其对原创性提出挑战。他指出，在这个新技术不断制造信息和图像的时代，我们处于"痴迷信息交流"（ecstasy of communication）中，处于古罗马酒神节的癫狂状态，只关心事物的表面而非实质；所谓现代设计中的"风格化"（Styling）、"有计划的商品废止制"、CI 设计以及广告代理（Advertisement Agency）等等，都是这种"痴迷"现象的成因与结果。"我们无法分清真假"，因此，艺术图像用在平面设计中只能称之为"模拟"而不叫"盗用"。他的理论受到 20 世纪 80 年代以来设计师们的极大推崇。

"产品符号学"（Product Semantics）这一概念在 20 世纪 80 年代才被工业设计师广泛使用，然而符号学的设计批评在 20 世纪 70 年代已十分盛行。用符号学的方法分析设计应追溯到 20 世纪 50 年代法国罗兰·巴特所著的《神话》。罗兰·巴特认为，设计的对象及其形象不仅仅代表设计品的基本功能，同时还载有"隐喻"（metaphorical）的意义，它们带着广泛的联想，起着"符号"的作用。例如，雪铁龙 DS 型小汽车常被人们认为与天主教大教堂相似，这不仅因为它的名字（deese）在法语里的读音像"圣母"。而且其轻盈的造型赋予它一种天庭般的气质，使人注定要将它跟宗教联系起来，CITROENDS 轿车因此成为当时人们崇拜的对象。罗兰·巴特致力于揭示对象、环境及事件的社会心理功能，认为它们含有比一眼瞧上去丰富得多的含义和大得多的力量。20 世纪 70 年代的符号学（Semiology）不仅成为左翼观察家对西方社会的批评工具，同时也被应用于商业行为和设计批评。

朱迪丝·威廉逊的著作《广告解码》（Decoding Advertisement）在广告设计界引起轰动，备受青睐，广告设计也由此走向成熟老练。广告符号过去隐晦的含义如今被解读得更加明晰，过去只是含蓄的联系也变得清晰可见了。这样的效果有时可以通过相互参照（cross-referencing），即罗兰·巴特所称的"互文性"或"文本间性"（intertextuality）实现。威廉逊 1982 年在她的书中写道：丝质时装款式的广告现在可以参照卡贝雷牛奶广告的色彩和图样（紫色漩流），它仅仅从形式上就唤起人们对那著名的"一杯半全脂牛奶"的感觉，而我们知道，这同一意象在卡贝雷的巧克力广告中也曾出现过。符号学也应用在工业设计的批评中，它提醒设计家有意识地将产品的个性特征寓于其色彩、造型、质感、体积的设计，从而使产品具有比使用功能更多一层的含义。由于这样有意地为产品植入丰富的内涵，产品所引发的广泛联想不仅能够缩短与消费者之间的距离，而且还可以将产品性能和用途表现得更清楚明了。这一过程被看作与符号解码过程刚好相逆，是由概念到具体细节的过程。我们已看到许多设计师，尤其以索特萨斯、孟菲斯小组为代表，都自觉地运用了这一理论，而他们的实践又引导了新的图像学的研究。

在后现代这一步是由生产"指令"控制的时期，对新的设计美学的探讨，自然属于设计批评理论的课题。20世纪70年代，"商品美学"的命题成为设计界的热门话题，批评家宣称它应取代过去的"生产美学"。设计师为适应多元化的市场，必须将产品的功能和作用纳入商品范畴来对待：商品美学分析了商品的双重价值，即需求价值和交换价值；指出设计应借助双重价值唤起人们的购买欲望。豪格（W.F.Haug）从商品美学的角度阐述了设计的这一问题，他说："商品总是多少拥有使用价值，但它们确实不曾拥有任何它们曾允诺的审美特性。商品美学争取与购买者'合拍'并考虑其行动，至少考虑其开销能力，就这点来说，购买者处于与坦塔罗斯（Tantalus）相似的位置，发现自己被自己的需求这一美丽的幻觉所围绕着，而当他迎向它们时，他抓到的只是空气。"正如伯克哈特（Francois Buckhart）所指出的，重要的是设计表达的价值在旧的思维模式中，我们自然地认为，我们有某种生活需要，它是第一位的，然后根据这些需要生产出产品和广告对它予以满足；产品和广告是第二位的，是反映，是第二层建筑，生活需要决定了产品和广告。然而，从新的思维模式来看这个问题，结论则恰恰相反，是产品和广告塑造、规范、刺激以至于生产了消费者的需要；设计具有极为有力的能动构造作用，直接影响着人们的消费。显然，商品美学是后工业时代的产品美学。

20世纪80年代的欧洲出现了一种设计批评的潮流，它有两个不同说法，叫"先驱设计"（Design Primario）或"软"设计（"Soft" Design）。这一发展中的理论（首先以意大利米兰为中心）抨击了工业产品和建筑有意排斥美学和感官愉悦的状况，并在早期现代主义最感兴趣的人造机械与自然变化两者之间，发展了它新的批评方法。这一理论认为，由于建筑和设计依然把二度空间草图（或它的电子模拟）作为完成手段，这样产品或环境的"客观性"似乎牺牲了主观性，包括感官上的光、热、声音、湿度等无法简单指出的性能，因此，"先驱设计"旨在探寻高技术变化多端的潜能，以形成灵活的、适度的感觉。空间技术可以控制光，探测温度和湿度，减少在创造适于人类的使用环境时硬性结构的负担。先驱设计理论很快得到了实践，美国宇航局和菲亚特公司等机构研究了如何使感官愉悦得以重新引入高技术之中；美国宇航局希望通过设计高技术"舱"，使它的太空实验室可以长期居住，包括可以综合描绘太空风景，记录下宇航员回家之类的信息以及其他人为因素。他们假设愉悦是更社会化的、心理上的，而不是物质上的；如果用得恰到好处，输入最小的感觉也可以变成愉悦。

这一课题由英国学者彼得·约克（Peter York）发展了。他观察到世界渴望从英国设计那里得到的不是最终产品，而是英国的历史及其形象，这是其他国家无法生产的东西。他关于"非设计"概念的评语对设计实践的结构有着重要的指导意义。"软"设计理论发展到 20 世纪 90 年代深受批评家关注，他们普遍认为，设计的发展同科学的发展是一致的，设计领域再也不以"物体"和"产品"为核心，取而代之的是一种过程，是依靠设计（它可能是一种产品，可能是一种劳务，也可能是一种环境，乃至可能是一种气氛）的使用者的响应而发生的一种过程："设计在后机械时代的作用是使人人都能介入设计过程，为达到这一目的，必须抛弃传统的美学观点，使设计成为一个社会服务过程，在这个过程中，我们既是观众又是演员"。

"绿色设计"（green design）作为一个广泛的设计概念始于 20 世纪 80 年代，但有关绿色革命的思想运动与设计批评理论却早在 20 世纪五六十年代就出现了。20 世纪 60 年代初期的美国发生了生态与和平运动，它抵制高度工业化社会的要求，寻找一种对用具、住房和食品生产的自我满足态度，期望通过设计师的努力调整生产与消费，建立"人与环境友好"的关系，这一追求正好与新兴的"为需要而设计"（Design for Need）的思想吻合。十年以后，这一运动形成了有关"危机"的结论。在欧洲国家，尤其是斯堪的纳维亚以及荷兰、英国，生态问题引起政府的高度重视，设计师与理论家发挥了重大影响，他们鼓吹仿生学和自然主义的设计，完成了一整组实验产品、探索了生产、推销等各种可选择方式。这一时期最有趣的作品是由德国"设计派"（Des-in）所做的，产品与理论基本相符。在意大利，自从"意大利设计体系"（DAI）有了开放的批评态度，情况便有所不同了。这个自主的团体一直与工业家保持了对话沟通，而且成绩斐然。20世纪80年代生态环境问题引起了大众的普遍关注，理论家认为通过设计及消费，"绿色"产品可以改善环境状况，甚至提出"绿色生活方式"的概念。材料的使用，对"有计划商品废止制"的态度，产品和生产过程的能源利用等问题，已经成为设计师们必须面对的题目。特别是设计进入20世纪90年代之后，地球的生态环境状况业已明显，将能源消耗等问题纳入设计的考虑已绝不仅仅是风行于20世纪70年代的"绿色设计"时尚了。海湾战争造成的石油损失与环境污染直接加深了人们的危机意识。如今，绿色设计已被当作对现有工业与消费结构的某种调整，而不只是对早期帕佩内克或莫里逊（Mollison）激进理论的反响而已。

值得留意的是，在后现代主义的批评家纷纷讽刺现代主义设计运动而得到满足时，有些人却在尝试着"把过去的现代主义中一些能动的辩证因素带进今日的生活"，马歇尔·伯曼就是其中的代表。在他备受好评的批评著作《一切固定的东西都烟消云散了》中，他引用了马克思的话："一切固定的古老关系以及与之相适应的素被尊崇的观念和见解都被消除了，一切新形式的关系等不到固定下来就陈旧了，一切固定的东西都烟消云散了，一切神圣的东西都被亵渎了。人们终于不得不用冷静的眼光来看他们的生活地位，他们的相互关系。"

伯曼像拉斯金一样，重新发现了早期现代主义传统的预言性，伯曼的独特观点是由单一的后现代泛文化主义，对流行文化的兴趣以及对现代世界中生产者作用的关注这三者构成的。他试图对设计进行组合、取舍，重新唤起我们对早期现代主义的流行性、希望、集体意识和平衡的认识。伯曼还引用了托马斯·贝格尔（Thomas Berger）的"疯狂的柏林"中的话，退役军人对着被战争毁坏的城市问了这样一个问题："为什么，当东西被打碎时，它们看起来比完整的时候更丰富？"贝格尔含蓄地回答，对于幸存者来说，毁坏了的城市失去了一切，然而，具有讽刺意义的是，残存的东西看起来比生活本身更重大。伯曼在表现性建筑中，在 20 世纪 80 年代先锋派的"辅助设计"中，看到了"无数居于废墟中的人有重新的愿望和力量……在毁灭之中存在着文化的创造力"。

从诸多的理论中我们可以看出，与当代设计的多元化相呼应，设计批评理论的发展也趋于多元化。然而，各种各样的理论都有一个共同的特点，那就是迅速地吸收社会科学以及自然科学的新成就，使设计批评在观念上和研究方法上有所突破。传统科学的根本原则，即秩序、简单、稳定，已被新的科学世界观所抛弃，取而代之的是新的准则，即混乱、复杂、变化。设计批评理论的发展也正好与这种变化相适应。

第八章　设计师

本章的主要讲述了设计师的相关内容，从两方面展开叙述，分别是设计师的使命和设计师的素养，阐述了设计师的产生与沿革、设计师的职责与担当、设计师的素质以及设计师的知识和技能。

第一节　设计师的使命

设计创造是自觉的、有目的的社会行为，不是设计师的"自我表现"。它是应社会的需要而产生，受社会限制，并为社会服务的。因此，作为设计创作主体的设计师，应该明确自己的使命，自觉地运用设计为社会服务，为人类造福。

一、设计师的产生与沿革

从最广泛的意义上来说，人类所有的生物性和社会性的原创活动都可以称为设计。因而广义上的第一个设计师，可以远溯到第一个敲砸石块、制作石器的人，即第一个"制造工具的人"。劳动创造了人，创造了设计，也创造了设计师，人类通过劳动设计着他的周围和人类自身，人类是这个星球上唯一的、伟大的设计师。

从"制造工具的人"到现代意义上的设计师，是一个漫长的、渐进的过程。我们还不能非常准确地判定在何时何地第一次出现了专业设计师，只能在现有资料的基础上，勾勒出一条大概的演变线索。加上革命以前设计与美术、手工艺密不可分的"血缘"关系，美术家与工匠曾是历史上主要的设计制作者，所以，我们也不可能撇开美术家与工匠来探讨设计师的产生与发展。

（一）工匠

距今七八千年前的原始社会末期，人类社会出现了第一次社会大分工，手工业从农业中分离出来，出现了专门从事手工艺生产的工匠。一方面，他们的辛勤劳动为人类社会提供了丰富实用的劳动工具与生活用具，推动着社会生产力不断地向前发展。在这个基础上，社会分工不断细化，为专业设计师的产生提供了必要的社会条件。另一方面，手工工匠在长期的生产实践中积累了丰富的设计制作知识与经验，又为专业设计师的产生提供了必要的物质技术条件。

在我国的甲骨文和金文中，有形似斧头和矩尺的"工"字，一种解释称"其形如斤"（斤是砍木的工具），工指木工。一种解释称其"象人有规矩"，意指按一定规矩法度进行手工制作的人和事。我国最早有关百工及制作技艺的著作《周礼·冬官·考工记》开篇即谓："国有六职，百工與居一焉……审曲面執以饬（治）五材，以辨（办）民器，谓之百工"。由此而知，"百工"在古代即为中国手工匠人以及手工行业的总称。其中从事"画绩（绘）之事"的画工，与"为筍虡"（筍虡是古代悬钟、磬等乐器的架）的"梓人"（从事装饰雕刻的工匠），均属"百工"之列，与其他工匠无异。

中国古代自殷商开始，历代均有施行工官制度，在中央政府中设置专门的机构和官吏，管理皇家各项工程的设计施工，或包括其他手工生产。周代时设有司空，后世设有将作监、少府或工部。至于主管具体工作的专职官吏，如在建筑方面，《考工记》中称为匠人，唐朝称大匠，从事设计绘图及施工的称都料匠。专业工匠一般世袭，被封建统治者编为世袭户籍，子孙不得转业。《荀子》中就曾说："工匠之子莫不继事。"比如清朝工部"样房"的雷发达，一门七代，长期主持宫廷建筑的设计工作。在历来重"道"轻"器"的中国封建社会，即使是宫廷御用的手工匠人，地位也是比较低下的，虽然在明朝曾出现过少数工匠出身的工部首脑人物，但那毕竟是极少数。

民间的工匠是从农民阶层中分化出来的行业群体，许多工匠是流动人口，他们游走四方，见多识广，凭借一技之长谋生度日。手工匠人有自己独特的行业特征。比如祖师崇拜，鲁班是木匠、瓦匠、泥匠、石匠的祖师；铁匠、铜匠、银匠、锡匠的祖师是老君（李耳）；织匠的祖师是黄帝、嫘祖和黄道婆；染匠和画匠的祖师是葛洪……各行业都会在传统日期举行仪式，敬奉祖师。手工匠人还以师徒传承为基础，形成一定范围内比较固定的行业组织，对内论尊卑、讲诚信，对外论交情、讲义气，行业间有互惠往来的行业关系。各行的工匠组织均有自己的行业规矩、行业禁忌和行话，如"不得跨行""不得跳行"，等等。

中国古代工匠创造了辉煌灿烂的古代设计文化。在近代以前，中国的手工业一直在世界上遥遥领先。许多伟大的设计创造在1—18世纪期间先后传播到欧洲和其他地区，深受当地人的喜爱，有的还成为后来世界上先进设计与科技的先导。中国古代的手工匠人堪称世界手工设计时期杰出的"设计师"。

在古希腊，工匠行列中也包括画家和雕塑家，他们的地位一般来说是比较低下的，像雕刻家和普通的石匠之间就没有什么大的区别，两者都被称为"石工"。古希腊的手工艺人被权贵阶层，甚至诗人、学者看不起，亚里士多德称其为"卑陋的行当"。自由的工匠都组织有自己的同业行会，但由于家庭手工业不断地竞争和奴隶制的生产方式，导致许多自由的手工艺人降到非自由人的地位。在手工作坊中，自由人和奴隶一起工作，而且得到的报酬也都是相同的。公元前850年以后，希腊的政治制度传播到了意大利，又被罗马人广为推行。众多有技艺的手工艺人，即使当时已不是奴隶，而是获释奴隶，但在众多人眼中依然被打上奴隶的标记，在罗马普遍滋长了一种对手工艺人的歧视。

随着社会的发展和手工技术的进步，手工行业自身内部的分工也越来越细致。在古希腊爱琴文化和米洛斯文化的中心克诺索斯，已经有宝石切割、象牙雕刻、彩釉陶制造、珠宝制作、银器制造以及石制容器制作工艺——几乎包括所有的奢侈品制作行业。中国《考工记》中记载也有"攻木之工七，攻金之工六，攻皮之工五，设色之工五，刮摩之工五，抟埴之工二"，共6种30项专业分工。在诸种手工业中，设计和制作还没有分离，到古罗马时期分工更趋精细，在制陶和建筑行业中首先有了设计分工的需要和专职的可能，出现了"观念和制作之间的分离"，即出现了脱离实际生产操作的最早的专业设计师。

古罗马的制陶作坊由于采用了青铜翻模技术，实现了快速化、标准化、批量化的生产，产生了专门从事陶器造型与装饰设计的工匠设计师。建筑业由于其本身的复杂性、艰巨性，需要有很多不同专业的工匠和工人协作完成。为了保证稳固的质量，事前必须有个系统的计划，起初由众多工匠的协商，最终集中在一个或少数几个熟悉建筑各种建造工序和善于整体计划的工匠身上。他们除了制订计划，还能测量、计算应力等，但已不再参与实际的施工建造，而成为专门的建筑设计师。古罗马的维特鲁威就是这么一位专门的建筑设计师，他的著作《建筑十书》，在建筑和历史上有重要地位，对后世建筑师影响深远。

中世纪时期，除了被宫廷、庄园或修道院雇佣服务的工匠以外，其他自由手工艺人大都在市镇里开设家庭式手工作坊，成立"手艺行会"。行会的成员既是店主、作坊主，又是熟练的工匠，集设计、制作，甚至销售于一身，通常还雇有学徒和帮工。当时的封建贵族妇女中也有不少灵巧的工艺师，她们通常是为了消遣或恪守妇道。例如著名的"巴约挂毯"的设计制作就与"诺曼征服"者威廉的妻子玛希尔达密切相关。另外，修道院里的僧侣也不乏能工巧匠，堪称早期书籍装帧杰作的"林迪斯法恩福音书"的设计者就是林迪斯法恩的主教伊德弗雷兹。

中世纪的欧洲经历了始于13世纪的工业技术革命，由于多种纺织机械被发明和使用，加快了纺织业的发展，出现了专门的纺织设计师。在14世纪，一个纺织设计师获得的报酬要比一个纺织工多很多。不过，中世纪的工匠与艺术家仍然在"同一阵线"，艺术家是工匠行会的成员，由于缺乏理论基础，他们的工作都被排斥在作为人文教育科目的"七艺"以外。

（二）美术家兼设计师

文艺复兴时期，工艺和艺术在观念上有了区分，艺术家作为学者和科学家的观念产生了，"艺术家终于获得了自由"。瓦萨里（Giorgio Vasari, 1511—

1574）的《名人传》中便记载了不少著名的艺术家，如吉贝尔蒂（Lorenzo Ghiberti，1378—1455）、波提切利（Sandro Botticelli，1445—1510）、韦罗基奥（Andrea del Verroechio，1435—1488）等都是从工匠作坊中开始他们的艺术生涯。切利尼（Benvenuto Cellini，1500—1571）的《自传》则详细记述了他从普通工匠发展成为艺术家的不平凡经历。

16世纪前在意大利和德国从事设计和装饰的主要是金匠（goldsmith）、画家和版刻家（engraver）。其中波利约洛（Antonio Polliauolo，1432—1498）、丢勒和荷尔拜因最为有名。1530年以后，画家、雕刻家和建筑师成为新的主要的设计力量，拉斐尔、罗马诺（Giulio Romano，1499—1546）、米开朗琪罗和瓦萨里是其中的佼佼者。他们的影响非常深远，并不止是因为他们自己从事设计，而是因为他们为了满足大客户的需要而培养训练了专门的设计师，并成立了多个固定的行会组织，从而为其他地方设计师的组织与教育提供了模式。当斯特拉（Jacop da Strada，1507—1588）在罗马诺的作坊，乌迪内（Giovanida Udine，?—1561）在拉斐尔和米开朗琪罗的作坊工作过以后，他们游历到别的地方，不止传播了他们新的设计样式，也传播了这种新的组织与教育方式。

从17世纪路易十四时期的皇家家具制造厂总监勒布伦（Le Brun，1619—1690）及其同事设计挂毯的过程，我们可以比较清楚地了解当时的设计过程：勒布伦完成整体设计的初稿以后，交给擅长花边、动物、花草图案的设计师做细部设计，再到第三级工匠更机械性地将整幅设计准备好供织造。

到了18世纪，建筑师在设计领域比画家和雕塑家更加活跃，不少画家或工匠转行成为建筑师和设计师。著名的有意大利的布伦纳（Vincenzo Brenna，1745—1814）和丹麦的阿比尔高（Nicolai Abraham Abildgaard，1743—1809）等。在英国，著名的齐彭代尔家具厂（Chippendale's）生产了大量由建筑师罗伯特·亚当（Robert Adam，1728—1792）设计的家具。在采用机械实现工厂批量化生产的韦奇伍德瓷器厂，受聘工作的模型设计师成为最早的工业设计师。必须指出的是：此时设计师的职业身份还并不是唯一的，也不是永久性的。然而，无论谁在设计领域独领风骚，他们的存在无疑都会推动新型设计师职业的发展。

1735 年，英国的荷加斯（William Hogarth，1697—1764）在伦敦的圣马丁路（St.Martin's Lane）成立了一个设计学校，该校被视作皇家学院（Royal Academy）的前身。

1753 年，法国巴舍利耶（J.Bachelier，1724—1805）在万塞纳瓷厂（Vincennes）为学徒成立了设计学校。这些非官方或半官方的设计学校的出现，使新的设计教育方法得以在缺乏正规设计教育机构的中心地区，和那些意识到传统手工艺教育训练的不足的工匠之间传播开来，并由此加快了设计师的职业化过程。

在此之前，虽然在一些老的工业部门，如制陶、纺织等，已经出现了专业的设计师，但是只有在工业革命之后，随着机器的广泛采用，在大多数的生产部门实现了批量化、标准化、工厂化的生产，加之商业竞争日益加剧，生产经营者意识到设计对扩大销售的重要作用，专业设计师才得以在社会生产各部门普及开来。当然，其间也经历了一个坎坷的过程，经历了轰轰烈烈的设计改革与现代化运动，名师辈出，开创了设计的新纪元。

（三）专业设计师

1851 年的"水晶宫"博览会之后，英国的莫里斯（William Morris，1834—1896）为自己的商行进行"美术加技术"的工艺设计，倡导了"艺术与工艺运动"，被誉为"现代设计之父"。科班出身的德雷瑟（Christopher Dresser，1834—1904）是第一批自觉扮演工业设计师角色的设计师。

德意志制造联盟（Deutsche Werkbund）实现了与工厂的紧密结合。其中的贝伦斯（Peter Behrens，1868—1940）作为最早的驻厂工业设计师之一，不但设计的成就非凡，而且还带出了格罗皮乌斯（Walter Gropius，1883—1969）、密斯·凡·德·罗（Mies Vander Rohe，1886—1969）、勒·柯布西耶（LeCorbusier，1887—1965）等现代设计运动的巨子。

1915年，英国成立了设计与工业协会，最早实行了工业设计师登记制度，使工业设计职业化，并确立了工业设计师的社会地位。1919年，美国设计师西内尔（Joseph Sinel，1889—1975）首先开设了自己的设计事务所。

二战以后，社会、经济与技术的飞速发展，为设计师提供了大显身手的机会。1949年，美国设计师雷蒙德·洛伊（Raymond Loewy）登上了《时代》周刊的封面，被誉为"走在销售曲线前面的人"。设计师的作用与价值得到社会的普遍承认。同时，设计师的工作也变得越来越复杂，需要更多不同专业人士的支持与配合。像20世纪30年代的美国设计师那样一人包打天下的时代已经过去，更多的设计师成为企业机器中的一个"齿轮"。当然也还有极少数的设计师独立到只愿做自己喜欢的设计，他们的客户主要是极富阶层、收藏家或博物馆。

在北美和西欧的英、德和荷兰等国家，设计师的工作更多地被认为是科学性和研究性的工作。德国乌尔姆设计学院以数学、社会学、人机工程学、经济学等课程取代了艺术课程；美国设计师蒂格（Walter Dorwin Teague）在为波音707做室内设计时，需要用于飞机等大的模型进行多次"假想飞行"，以测试各种设计效果；英国皇家艺术学院成立了专门的设计研究机构，对设计进行科学性的研究。

在意大利，设计师却更多地被当成"艺术家"来看待。诚如后现代主义产品设计大师索特萨斯所言：设计对我来说，是一种探讨性的生活方式，它是探讨社会、政治、情欲和食物的生活方式，甚至是一种建立可见的乌托邦或隐喻世界的生活方式。

在意大利，设计师的职业比在其他任何地方都要热门，这里的气氛热烈、开放、丰富多彩、不墨守成规，他们有更多的自由去创造、去试验。部分原因是他们通常一开始就被当作建筑师，甚至是一个独立的艺术家来训练，部分原因是这里有着激进的先锋设计运动。

在法国，设计师的境况比较尴尬。1987年全法国只有约300名工业设计师。在1983年纯化法语的运动中，好端端的design被禁用，取而代之一个词义不当的lastylique（风格化）。这使法国设计师倍感委屈，因为他们的工作不应被认为仅仅是决定包装的色彩而已。事实上，除了时装、雪铁龙汽车和一些厨房电器以外，法国在高品质消费品上的优秀设计之稀少，确实让人感叹。

在北欧的丹麦、瑞典和芬兰等斯堪的纳维亚国家，以工艺和装饰美术为基础的设计教育，曾使他们的设计师在20世纪五六十年代获得了巨大的国际声誉。从20世纪70年代末起，设计师转向高科技产品的设计，工业设计师的教育也从工艺与装饰美术教育中分离出来。

日本在20世纪的50到60年代曾有"劣质货的大生产者"的坏名声。20世纪70年代后，善于学习的日本设计师很快就让他们的欧美同行们刮目相看，一跃成为国际设计界的后起之秀，但在设计思想上，他们还是受西方的支配。日本的设计师大都是"公司人"，在公众眼里犹如"无名氏"，自由设计师的重要性远不及大企业里的设计师，虽然新一代设计师，特别是留学欧美归来的年轻设计师开始有更多自由的创造精神，但仍然是服从公司的"无名性"需要才被视为正统。

设计发展到今天，设计师在更关注、发掘人们的真实需要的同时，已不再只是消费者趣味与消费潮流的消极的追随者，而是向更积极的消费趣味引导者、潮流开创者的方向转变。设计师的角色，也不再仅仅停留在商品"促销者"的层次，而是向文化型、智慧型、管理型的高层次发展。设计师已成为科技、消费、环境以至整个社会发展的主动力量。

在未来，通过哪些方式途径，设计师可以在单纯的促进销售以外发挥更积极、更有创造性、管理性的社会作用？这是英国伦敦大学新设立的硕士学位"设计未来"专业正在研究探讨的问题，也是每一位21世纪的设计师或设计学生需要思考的问题。

二、设计师的职责与担当

（一）服务社会的职责

历史上，设计师曾经担当过不同的社会角色，服务于不同的社会阶层，履行了不同的社会职责。最早正是"制作工具的人"推动着人类社会"辟草昧而致文明"，历代无数手工艺人的辛勤劳动，满足了人类生存与发展基本需求的大部分。所谓"一人之所需，百工斯为备"，其中也有不少手工艺人被迫服务于奴隶主、封建主特权阶层，为他们穷奢极欲的生活和礼教、宗教统治服务。"贵者垂衣裳，煌煌山龙，以治天下。贱者短褐枲裳，冬以御寒，夏以蔽体，以自别于禽兽。"古代手工艺人的劳动成果，多为统治者所占有。中国自唐宋以来，还有部分技艺精绝的手工艺人交游于文人士大夫之间，为他们设计制作"文房清玩"，在他们的文字中留下了名字。西方在资本主义的工业革命以后，设计师将服务扩展到了消费市场触及的每个角落，满足人们基本需求以外的更多的需求。

在今天这个商品社会里，什么是设计师的服务意识呢？也许有人认为，设计适销对路的产品就是设计师的社会职责。确实，设计师接受企业的委托进行设计，倘若他的设计在大量生产出来以后不被消费者接受，达不到预期的目的，势必会造成企业人力、物力和财力上的巨大浪费，危及企业的生产、经营乃至生存，直接影响企业经营者和全体员工的利益，间接还将影响到他们的家庭、他们周围的人们和所在社会的利益。设计师此时就未能完成服务行为。倘若产品销售到了消费者的手里，却不能给消费者带来应得的好处，甚至损害了消费者，乃至其他社会公众的利益，此时的设计师，仍然负有不可推卸的社会责任。所以说，这个观点虽然没有错，但未免过于狭隘。设计适销对路的产品，只可以说是设计师工作职责中的一部分，而设计师社会职责的内涵，比设计师工作职责的内涵还要深广得多。作为设计创造的主体，设计师的设计必须是用来改善人们的生存条件和环境，为人们创造更好的生存条件和环境服务的。用简单的一句话说：为人类的利益设计，是社会对设计师的要求，也是设计师崇高的社会职责所在，也只有在实现这个目标的同时，设计师的设计才有意义，才能实现自己的价值。

"为人类的利益设计"，这里说的"人类"，是指全体的人。设计不能只是为了满足一部分人，或者说，不能只有满足这部分人利益的设计，而没有满足另一部分人利益的设计；或者满足了这部分人的利益而损害了另一部分人的利益。

我们每个人的成长都需要教育。教育事业的进步，需要设计师施以设计的辅助。从教学设施、设备、教具到教学课本的设计，从育婴室、托儿所，直到博士后的研究课题，都有设计辅助的需要。还有成人教育领域特殊的设计，例如教给身体有障碍者、丧失信心者的知识与技能，包括专业语言的学习、职业再教育、再就业教育、囚犯与精神病患者正常生活的恢复教育、新移民的适应能力教育等。教育是人类进步的阶梯，设计师有责任、有能力使这个阶梯更结实、更有效率，"搭载"更多有需要的人。

我们都需要健康的身体和安全的环境。在医疗和安全系统，同样迫切地需要设计师负责任的设计。疾病是人类生存的天敌，虽然我们都无法永远避免病魔的侵袭，但是在无数的病痛中，有许多是可以通过有关设备和程序的改进而预防或避免的。各种职业病的发生，常常是因为工作条件的不适所致，例如矿井工人的"黑肺痛"，长途汽车司机的腰损伤，农民因农具简陋而过度劳累致病等。还有工作与生活条件的不安全设计而导致的伤害，例如工业安全帽不安全、护目镜不护目、劳动鞋不能有效保护工人的双脚免受外力打击，以及采用易燃材料的设计引起火灾烧伤等。在家庭、工业、交通以及其他许多领域施予安全、适当的设计，是可以大大减少人们上医院的必要，减轻医护人员的工作压力的。即使在医院里面，也不能缺少高质量的设计，包括各种医疗诊断设备的设计、发明与改进，从小小的体温计到高科技的激光治疗仪和人工器官等。健康的身体是人类，包括设计师自己赖以生存和发展的原始资本，设计师又怎能任其被无情地侵蚀却视而不见呢！

设计的目的是满足大多数人的需要，而不是为小部分人服务，尤其是那些被遗忘的大多数，更应该得到设计师的关注。世界上还有几乎 75％ 的人生活在贫穷与饥饿之中，不少人至今仍在使用原始的、极度简陋的物品与住所，有的因为没有经济能力消费对他们来说过于昂贵的现代设计，有的生活在现代设计所触及的世界以外，有的甚至连基本生存需求都不能满足。

人类需要教育、健康，需要衣食住行。作为地球上唯一智慧的生物种，人类还需要知识的充实、发展的挑战和希望的实现。在这方面默默耕耘的科研工作者，却常常因为实验器材简陋、混用的状况而遭受挫折，一些先进的实验因为缺乏相应的设备而无法实施。除此以外，或许我们还该设想一下：老年人的需要是什么？孕妇和胖子呢？还有残疾人，他们的需要又是什么？交通设计怎样了？汽车已经成为人类发明枪支以来又一最有效的杀手，还有信息技术的设计呢……

诸如此类的问题，不胜枚举，可能就在我们的身边，也可能在遥远偏僻的地方。这些设计的需求并不都在市场上明显地表现出来，但是人类社会最迫切的需要。一些设计理论家主张用满足世界人类需求的"关怀设计"代替现在满足市场需求的"商业设计"。我们不敢奢望这种"代替"，这就好像奢望乌托邦的出现一样，但我们确实希望商业设计以外，有更多不是为了金钱目的的"关怀设计"的出现。

（二）具备伦理道德意识

我们说设计师应该"为人类的利益设计"，这里说的"利益"是指全面的、长远的利益，而不是片面的、暂时的、仅有益于一方面而有损于另一方面，仅有益于今天而有害于将来的利益。例如，一次性日用品，从设计角度来看，它是成功的，它给人的生活带来方便，又给商家带来利润，但是从人类长远的利益考虑，从人类未来的生存环境角度来看，一次性用品是有害的。

衣、食、住、行常常被认为是人类的基本需要，往远一点说，我们还可以加上工具和机器，因为衣食住行是用工具和机器生产出来的，这里有设计师的功劳。但是人类的基本需要远远不止衣食住行这些。千万年来，我们把享受清洁的空气和无污染的水认为是理所当然，并且认为它们是永存不变的。然而，现在这一切都发生了急剧的变化，当然，产生有害空气及被污染的河流湖泊的原因是复杂的，但是通常工业设计师和工业及其他引发物对这一惊人的变故同时负有不可推卸的责任。因为设计是设计师的社会行为，它不能不具有社会伦理的性质，正如伦理学家约纳斯提到责任伦理学时所说："人类不仅要对自己负责，对自己周围的人负责，还要对子孙后代负责，不仅要对人负责，还要对自然界负责，对其他生物负责，对地球负责。"

当受到资本主义早期的清教约束和新教伦理在后期被抛弃以后，更加助长了享乐主义的泛滥，促成这种享乐主义泛滥的帮凶之一就是没有道德感和责任感的设计。"资本主义与众不同的特征是：它所要满足的不是需求，而是欲求，是虚荣心，欲求一旦超过生理本能进入心理层次，就成为无限的需求。"这种"无限的需求"导致了资源的消费竞赛。例如，美国一个国家的能源消费，就是全世界不发达国家的一百倍以上。一方面，部分富裕人们的消费已不是为了生活与健康，而是为了炫耀身份和个人价值；另一方面，世界上还有无数的人连基本的生活需求都未得到满足。不少的设计师在个人利益驱动下，为资源消费竞赛加油鼓噪，鼓励人们进行超高消费，甚至对社会产生不良效果的设计的消费，而在基本需求还没有满足的地区，人们却看不到他的踪影。这种设计与消费的放纵性与失衡，已经给人类社会带来了一系列的负面效应。如何克服目前的弊端，使设计师的设计符合社会整体、长远的利益，即设计师的伦理道德问题，已成为日益迫切需要澄清和解决的问题。

人类与自然的关系，经历了第一阶段的惧怕自然，第二阶段的征服自然，到如今第三阶段，强调的是与自然的和谐相处。自近代以来的工业与设计革命，给人类生活带来了巨大的变化，人类的生存条件与环境在许多方面有了很大程度的改善，但是人类与自然的关系却受到了不少程度的损害。人类除了要面临能源危机、生态失衡、环境污染等一系列问题以外，甚至还得面临人类自身的生态问题。

人类语言中第一次出现了"可持续发展"这个词语，并且已成为关系到人类能否长久生存在地球上的严峻问题。设计师应该为人类的可持续发展做出贡献，这是时代赋予设计师的历史使命。如今，国际工业设计协会联合会、世界设计博览会、国际设计竞赛等以"设计和公共事业""为了生命而设计""信息时代的设计"和"灾害援助"等作为会议或竞赛的主题，就是这一使命的体现。

设计理论界已有人提出"适度设计""健康设计""美的设计"原则，意欲给设计行为重新定位，防止设计对生态与环境的破坏，防止社会过于物质化，防止传统文化的葬送和人性人情的失落，防止人类的异化，使人类能够健康地、艺术地生活。

我们提倡设计师"为人类的利益设计"，这听起来似乎很抽象、很空泛。其实，设计师首先要树立正确的价值观和责任感，即设计的职业道德，这是履行社会职责的基础。设计师在着手每一个设计之前，都要对其面对的设计任务有正确的道德判断，判断他的设计将会有利于社会利益，还是有损于社会利益。例如，面对助残仪与赌博机的设计任务，他的价值观与责任感会帮助他做出正确的决定，什么值得去做，什么不能去做。设计师还应抵制设计界的不良风气与不良设计。

不可否认，当今设计界泛滥着"为金钱设计"的风气，有的设计师一味追求金钱而丧失了社会公德心，设计中充斥着颓废、堕落、不健康、不文明的东西，成为社会公害，例如色情卡通、赌博机等。还有不负责任、蒙混过关的设计风气，设计出的"杰作"既不宜使用，又不宜观赏或收藏，只能积压货架与仓库，或是成为视觉污染、环境垃圾，造成资源的巨大浪费。其他任何缺乏设计道德的不良风气和破坏环境、欺骗顾客、诱人堕落、盗用专利、危及社会的不良设计，都是应该遭到有社会责任感的设计师的坚决杜绝和反对的。对社会道德规范和国家有关法律法规的尊重和遵守，是设计师社会职责履行的一个重要方面。更重要的是，设计师应该把自己的设计与人们的需要紧密联系起来。设计师不只要面向市场，为市场设计，还要面向社会，关注社会，关注人们的生存状态，关注人们的真实需要，尽自己的智慧与能力，真心实意地为满足这些需要设计，为社会设计，为人类利益设计。

在国际工业设计协会联合会（ICSID）的主题为"工业设计——人类发展的要素"的第十一届年会上，大会主席彼得罗·拉米兹·瓦茨贵兹（Pedro Ramirez Vazquez）先生指出："设计作为人类发展的一个重要因素，既可能成为人类自我毁灭的绝路，也可能成为人类到达一个更加美好的世界的捷径。"人们期待着设计师担负起他们应该担负的社会职责，为人类设计出"更加美好的世界"。

第二节　设计师的素养

设计生产是精神生产与物质生产相结合的非常特殊的社会生产部门，它不同于科学研究，也不同于纯艺术创造，设计创造是以综合为手段，以创新为目标的高级、复杂的脑力劳动过程。作为设计创造主体的设计师，必须具备多方面的知识与技能。这些知识与技能，随着时代的发展而发展，在不同的设计领域，既有共同或相似的基础知识技能，也有各自侧重的方面。

从制造原始工具开始，人类发展积累了丰富的设计制造知识技能。《考工记》记载"百工"须能"审曲面执，以饬五材"才能"以辨民器"，书中除了记述各类工匠不同的技术知识以外，还有着丰富的物理学、化学、生物学、天文学、数学、度量衡和生产管理的知识。

中世纪的手工匠都是在作坊中师徒传承下来经验性的手工技术，由于行会制度的约束，工匠还不能学习、从事其他专业工匠的职业技术，例如小刀的设计制作分为刀片匠、刀具匠和刀鞘匠，工匠们分别制作刀刃、刀柄、刀鞘而不能有所跨越，知识技能相当狭窄。

　　包豪斯以前的设计学校，偏重于艺术技能的传授，如作为英国皇家艺术学院前身的设计学校，设有形态、色彩和装饰三类课程，培养出的大多数是艺术家而仅有极少数是艺术型的设计师。包豪斯为了适应现代社会对设计师的要求，建立了"艺术与技术新联合"的现代设计教育体系，开创了类似三大构成的基础课、工艺技术课、专业设计课、理论课及与建筑有关的工程课等现代设计教育课程，培养出大批既有美术技能，又有科技应用知识技能的现代设计师。时至今日，社会的发展对设计师提出了更新的要求，科技的进步也为设计师提供了更新的设计技能与手段。

　　设计既不是纯艺术，也不是纯自然科学或社会科学，而是多种学科高度交叉的综合型学科。工业革命以前，艺术的知识技能是构成设计师才能的主要部分，大量艺术家从事设计工作。工业革命以后，特别是随着信息化时代的来临，自然科学与社会学知识技能在设计师的才能修养中占据日益重要的地位。我们可以把艺术与设计知识技能比喻为设计师的一只手，自然科技与社会知识技能比喻为设计师的另一只手，时代的发展要求设计师"两手抓，两手都要硬"。同时，设计师不可能"赤手空拳"地进行，随着电脑技术在设计领域的全面渗透，电脑辅助设计 CAD 实际上已成为当今设计师手中最有效的设计工具，贯穿于设计思维与创作的整个过程。

一、设计师的素质

　　设计师自身应具备较高的素质。作为设计师，在言谈举止上，都要展现设计师应具备的风范与气度。一个优秀的设计师首先应当是一个德智体美全面发展的人。作为一种对社会发展具有重大意义的职业，设计师设计水平与个人素养密不可分。甚至可以说，个人素养决定设计师的设计水平。个人素养越高，就越能以人为本，越为客户考虑。所设计的产品就越人性化，能力等都将越强。所以，设计师必须注重个人的修行，使自己具有较高的素质修养。

　　作为设计师，比任何人都应该具有积极乐观的人生态度。因为，一个设计师，在他的一生中，也许会有许多成功的设计，但是，恰似爱迪生发明灯泡一样，失败会远远多于成功。所以，对于挫折与失败，设计师要乐观积极地去面对，要具有百折不挠的精神，愈挫愈勇，乐观地走下去，不断在失败中成长，不断向成功发起挑战。

智力对于一个设计师来说是极其重要的，智力是设计的基础，只有具有较高的智力，我们才能进行创新设计，才能对客户的疑问做出迅速而有效的反应，采取巧妙、恰当的应对方法。

一个优秀的设计师应当不只是一位雄辩家，也应是一位能够灵活应变并加以恰当应对的高手。口若悬河的人不一定能成为优秀的设计师，因为这样的人往往沉醉于自己的辩才与思想中，而忽略了客户的真实需求，优秀的设计师以客户为中心，了解客户的真正需求，以细腻的感受力和同理心，做出有针对性的人性化的设计。所以，我们的任务不仅是设计本身，还有许多事情要做，设计师应当具有较高的 EQ，智慧地处理各种事情，以达到事半功倍的效果。

作为一个设计师，做设计，首先要取得客户的信任。这就要求设计师诚信，诚信做人，诚信做事，对自己负责，对他人负责，言必信，行必果，给人以可以信赖的印象，以取得他人的信任，只有客户信任了设计师，才会让他做设计。

设计在于创造，设计师应当具有创造性设计思维。设计师还要突破思维定式，养成创新的习惯，并将其贯彻落实到设计之中，在寻求问题的解决方案时，要始终坚持独创，让创新成为一种习惯。这需要设计师在基础扎实的基础上，注意锻炼自己的创新意识和创新能力，从小事做起，从当前做起，点滴积累，使创造成为一种习惯，一种本能。只有设计师真正具有构想的灵感和发明创造的能力，设计才能永葆生机与活力。

设计师要具有敏锐而强烈的观察与感受能力。设计不是凭空产生的，它来源于生活，又应用于生活，所以，设计与生活存在着密不可分的关系。观察与感受是设计的前提。这就要求设计师善于观察生活中的各种细节中蕴含的设计源泉，及时发现现实生活中存在的各种问题，并为之寻求解决方案。无论多么细小的事物，都能溯本求源，运用一些基本原理演绎意义深远、具有创造性的理念或引发出新的概念，并能在实践中应用。

作为设计师，应该具备很强的鉴赏能力。所谓"冰冻三尺非一日之寒"，较高的鉴赏能力，绝非一朝一夕能够形成的，当然，先天占有一部分因素，但也在于后天的培养。设计师平时应注意多方面的艺术修养的积累和设计专业知识的积累，尤其要经常有意识地留心观察身边各种成功或失败的设计，并注意总结其成功的经验或失败的教训。美学与现代设计基本理论知识以及更广泛的边缘学科知识能使设计师拥有更加丰厚的美学修养，设计师应充分认识到这一点，并不断努力提高自身的鉴赏能力。

设计师要具有广博的知识面。只有见多则识广，才能为设计提供更多的设计素材，才能更好地激发设计灵感。设计是一个综合性的工作。它不只是图形的创作，而是涉及许多不同的领域，所以，设计需要开阔的视野，有广阔的信息来源。因而，设计师要不断地学习各方面的知识来充实自身的实力。

设计师必须要有强大的自信心。"仁者见仁，智者见智"，对于同一件设计产品，不同的人会有不同的理解，不同的评价。无论是谁，都不可能设计出一件绝对完美的产品，让每个人都满意。所以，在处理一些原则上的问题时，设计师要坚守自己的信仰，相信自己的经验、眼光和品位。当然，不是一味地固执，或者孤芳自赏。而是要坚持自己认为正确的做法，不能因为他人的一丝否定而放弃自己的想法。

设计师要具备扎实而全面的专业技能。设计师要想较好地将自己的创意表达出来，就必须有扎实的基本功。没有扎实的绘画造型能力，再好的创意，也无法向别人表达，使设计构想付诸实现。所以，扎实全面的专业技能是设计的前提。因此，设计师在学习期间，一定要努力学习各项基础技能，为自己今后的设计工作打好基础。

设计师应重视本民族传统文化。当设计扎根于本民族悠久的文化传统，采用富有民族文化本色的设计思想的时候，设计就会因富有特色而显得生机勃勃，并且，这样的设计，就具有了更为丰富的含义。因为伴随民族性产生的是独创性及个性，这些对于设计本身而言，是具有珍贵价值的。当然，尽管设计师不应是狭隘的民族主义者，但绝不可忽视本民族的文化传统和民族精神，要让民族传统文化精神也成为设计元素，成为一种设计习惯。在设计的同时，继承和发扬本民族的优秀的传统文化。

设计师应随时关注市场需求及其变化，并及时做出合理的调整。社会在不断地发展和进步，消费者的需求也在不断地发生着变化。这就需要设计师通过周详严谨的市场调查来了解这些变化。但这绝不仅仅是由单纯的数字统计得来，而是要在掌握市场心理学的基础上，有针对性地分析消费者群体的消费心理，考虑多方面的因素，投其所好，从而设计出具有针对性而丰富的产品，以适应不同消费者群体的需求，达到较好的设计目的，取得较好的效果。只有这样，设计师才能有的放矢，因此，具备这种能力是十分必要的。

设计师应注意自己的仪表。一个受过良好教育有一定艺术修养的人，应该具有良好优雅的仪表，这并不是为了炫耀和显示，而是为了给客户留下较好的印象。试问，一个连自己仪表都整理不好的人，怎么能够做出优秀的设计？因此，在一定程度上，一个人的仪表能够反映他的品位和思想。所以，仅从获得客户信任角度而言，设计师就应该注意自己的仪表，更不要说还要代表所在企业的形象。

设计师是一个具有高度综合性的职业，要求设计师具备很高的素质与多方面的能力，这里列举的只是其中的一部分。所以，要想成为优秀的设计师，还需要设计师自身付出巨大的努力。其实，只有真正地热爱生活，热爱设计、不断努力与探索，不断提高自身的素质与能力，才能成为一名优秀的设计师。

二、设计师的知识和技能

1. 设计师的艺术与设计知识技能

Design（设计）的意大利语 disegno 原义就是 drawing（素描），设计与艺术有着与生俱来的"血缘"关系。设计师首先需要掌握艺术与设计的知识技能，这是所有设计师必备的首要条件，包括造型基础技能、专业设计技能及与设计相关的理论知识。造型基础技能包括手工造型、摄影、摄像造型和电脑造型技能；专业设计技能包括视觉传达设计、产品设计与环境设计技能；艺术与设计理论包括美术史论、设计史论和设计方法论等。

造型基础技能是通向专业设计技能的必经桥梁。造型基础技能以训练设计师的形态—空间认识能力与表现能力为核心，为培养设计师的设计意识、设计思维，乃至设计表达与设计创造能力奠定基础。造型基础技能包括手工造型（含设计素描、色彩、速写、构成、制图和材料成型）和电脑造型。手工造型是基础，但有一部分已属"夕阳"型技能，逐渐被新兴技术淘汰。电脑造型既是基础，又是发展的趋势，属"朝阳"型技能，客观上已成为设计师必须掌握的最重要的基础造型技术，有着无限广阔的应用与发展前景。

设计的手工造型训练不同于传统的艺术造型训练。设计素描造型与色彩造型不同于传统绘画造型，再现不是它的最终目的。设计素描也不能仅满足于画结构与做分析，素描也可以"由具象到抽象"和"无中生有"，通过观察、分析、联想、创造出新的形象来。设计的色彩造型包含写实色彩和设计色彩，写实色彩有助于塑造自然真实的形象，而设计色彩能更加适应人在不同情况下的视觉要求，提高各种活动效率，增加视觉与精神的快感。设计色彩的基本技法包括混色法、序列法、对比法、调和法、色调组织法，用色彩塑造、表现和装饰形象法，选择与组织色彩、实现一定的功能的方法等。这样的设计素描与色彩造型训练，才能真正为设计的创造性本质奠定良好的造型基础。

设计速写造型是最快捷方便的设计表现语言，不受时间与工具的限制。除了具有形体与色彩的记录功能与分析功能以外，还可以为设计创作积累大量的图片资料。更重要的是，草图式的速写在设计过程中不仅记录着设计的每一步进展，还是设计从初步构思到完整构思的必要"阶梯"。每一个设计几乎都是从速写式的草图开始的，设计速写是设计师自始至终必不可少的重要技能。

　　构成造型包括平面构成、色彩构成和立体构成这"三大构成"，以及光构成、动构成和综合构成。三大构成是设计造型的基础技能，它不仅提供设计师以设计造型手段和造型选择的机会，而且可以培养训练设计师在平面、色彩和立体方面的逻辑思维与形象思维能力。尚在研究探索阶段的光构成、动构成与综合构成，有益于拓展新的设计造型语言与手段，开辟设计的新境界。

　　三大构成源于包豪斯的设计基础教学实践，它通过一系列数学化结构的几何形态，并施以标准化色彩，按照各种不同的组合构成方法，创造出各种非自然的形态造型。这些造型有的可直接用于设计中，有的可启发产生其他新的造型。

　　制图技能包括机械（工程）制图与效果图的绘制，这是产品设计师与环境设计师必须要掌握的基本技能。工程制图的三视图（正视、侧视、上视）可以将设计准确无误、全面充分地表现出来。它是制造生产的依据，便于生产制造者严格精确地按照设计进行生产，同时又是设计师与工程师和其他技术人员的通用语言，对于他们加强沟通与合作，完善设计有积极的作用。设计效果图形象逼真、一目了然，可以将设计对象的形态、色彩、肌理及质感的效果充分展现，使人有如见实物之感，是顾客调查、管理层决策参考的最有效手段之一。

　　设计师要绘好效果图，必须首先掌握透视图的原理和画法。透视图是在二维平面上用线条表现出对象的三维视觉效果，是绘制效果图的基础。以前手工制图需要花费设计师大量时间与精力，现在越来越多的设计师已采用计算机制图，不但快速准确，还有人工所不及的效果。但电脑毕竟不能完全代替人脑，效果图表现的是预想的效果，不是现有的实物，需要设计师充分发挥其造型能力和想象能力，同时充分利用电脑技术的各种先进工具。

　　摄影、摄像也是设计师所应该具备的技能。一种是资料性的摄影、摄像，它们可以为设计创作搜集大量图像资料，也可以记录作品供保存或交流之用。另一种是广告摄影和摄像，这种摄影和摄像本身就是一种设计。

　　材料成型是依靠外力使各种材料按照人的要求形成特定形态的过程，包括人工成型与机械成型。设计是需要手脑并用的，设计师的动手技能也不能忽视。包豪斯就要求每个学生必须至少掌握一门手工艺，尤其是产品设计师，他的工作就是将各种材料处理成不同的产品造型，因而材料成型的训练必不可少。

由于各种材料，如木材、金属、塑料等的加工成型方法各不相同，设计师必须通过成型操作训练，熟悉各种材料及机器的性能，熟悉生产工艺流程，了解机械成型手段，掌握一定的手工成型手段，以此来提高实际动手能力、立体造型能力与技术应用能力，培养材料美、技术美、机械美、功能美等新的审美感受能力，并形成在未来的设计活动中，每想到一种功能形态就能立即反应出相应成型手段的本领。材料的表面处理则直接影响设计作品的外观肌理与质感效果，是设计师应掌握的"面子"技能。

模型制作亦可算是材料成型的一种。模型具有三维立体、直观可感的优越性，可供设计辅助、展览、欣赏、摄影、试验、观测等用途，其独有的空间实体感还可以弥补平面图形的不足。在设计构思分析阶段制作的模型具有概括、简单、灵活、粗糙，随便修改的作用，起到帮助构思，推敲方案，启发想象力的作用。为最后确认的设计而制作的模型，则必须严格按比例、尺寸、材质、结构、细节的要求，力求达到准确、充分、完整、完美的效果。

一种最新的电脑辅助设计技术——快速成型技术，又称快速原型制造技术（Rapid Prototyping Manufacturing，简称 RPM 技术），可以将电脑上的创意设计快速准确地复制成三维固态实物，就像打印机打印文件图纸一样方便，这是材料成型技术的重大突破。目前，成型材料主要是用纸、木和树脂材料。随着 RPM 技术的进一步发展和完善，将来必定会成为广大产品设计师普遍采用的一种设计手段。

设计师不应满足于原始、简单的"夕阳"型材料和技术，并为此沾沾自喜，而应尽量接触各种先进的"朝阳"型新材料和新技术，借以不断拓展设计创造的无限可能性。计算机辅助设计就是其中的一种"朝阳"技术，它几乎已渗透到设计的每一领域、每一过程。

早期的计算机主要用于数据计算与文字处理，随着图形技术软件的成熟与图形硬件设备的完善，设计师仿佛在一夜之间发现自己被解放了出来，以前繁重、缓慢、重复的手工绘图，现在可以通过计算机轻松快速地完成。而且图形软件功能丰富多样，所提供的制作技法、变换效果、画笔、色彩以及材质的种类等方面，都是传统手工绘图方式很难或无法达到的。对画面的修改、复制、剪裁、合成也易如反掌，计算机无疑已成为设计师手中无可替代的"马良神笔"。

目前，设计师对于计算机的应用，主要集中在三个方面：一是以印刷制版行业常用的彩色桌面出版系统为工具的平面设计；二是以 3DS 等三维软件为代表的三维立体形象设计；三是运用各种 CAD 软件进行的工业辅助设计。图形软件主要有我们所熟知的如图像处理软件 Photoshop，图形处理软件 Freehand、Illustrator、CorelDraw，辅助设计软件 AutoCAD，绘画软件 Painter，排版软件 Pagemaker 和 Quark，动画软件 3D studio 和 Animator，文字识别类的软件 OCR（Optical Character Recognition）。OCR 是通过扫描仪把文稿作为图像输入计算机再转变为 ASCII 代码的文本文件，从而替代繁复的文字输入工作。

20 世纪 90 年代兴起的多媒体技术，是由计算机将文字、图形、动画、声音多种媒体综合表现在一起的最新视觉技术，已被广泛应用于广告、电子出版、电影特技、家庭教育、网页等的设计制作中。虚拟现实是多媒体技术的又一新领域，它利用计算机图像处理与视觉技术，模拟出一个类似真实世界的人工环境。这种技术在设计领域得到了开发应用，诸如委托方将可以在动工之前参观业已"完工"的建筑、园林或室内装修；演员可以在虚拟演播室完成如真实场景中一样的拍摄；等等。

对于工业设计师来说，除了要熟练掌握 CAD 计算机辅助工业设计外，还有必要对 CAM 计算机辅助制造乃至整个 CIMS 环境，即计算机综合产品制造系统有所了解，互相配合，才能更好地发挥 CAD 在现代工业制造体系中的积极作用。仍在高速发展中的计算机技术还将为设计师带来更广阔的设计技术前景。完全不会利用计算机技术进行设计的设计师，就像只会舞刀不会使枪的古代战士一样。在技术发展日新月异的今天，设计师要有不进则退的紧迫感。

设计师具备了造型基础技能，才能顺利过渡到对各专业设计技能的学习掌握。专业设计技能有视觉传达设计、产品设计、环境设计三大类。三大类下面还有更细的专业技能：如视觉传达设计的书籍装帧设计、广告设计、包装设计、展示设计等，产品设计的工艺品设计、纺织品设计、家具设计等，环境设计的建筑设计、室内外设计、公共艺术设计等。

各专业设计师的造型基础训练是大体相似的，但也不是没有差别，如视觉传达设计偏重于平面造型，而产品设计和环境设计则偏重于空间造型。

各专业的相关学科也有差异，对于工业设计而言，更具体的理论指导是工学指导，如人机工程学、材料学、价值工程学、生产工学等。对于视觉传达设计而言，更具体的理论指导是符号学、传播学、广告学、市场学、消费学、心理学、民俗学、教育学、印刷工学等。对于环境设计而言，更具体的理论指导是环境科学、环境心理学、艺术学、气象学、建筑工学、经济学等。

除此以外，各专业设计师较大的区别还在于专业设计技能上的"各有所长"，这也是他们专业划分的依据所在。例如，视觉传达设计师的专业技能主要在于设计、选择最佳视觉符号以充分准确地传达所需传达的信息；产品设计师的专业技能主要是决定产品的材料、结构、形态、色彩和表面装饰等；环境设计师的专业技能则主要是决定一定空间内环境各要素的位置、形状、色彩、材料、结构等。各专业设计技能的获得都必须经过对各种材料、工具的熟悉，基本技术、技巧的掌握，再到设计实例中去实践、提高、完善的过程。

各专业设计技能虽有差异，但是并没有绝对的界限，而是相互渗透、相辅相成的。例如，工业设计深受建筑设计的影响，展示设计则综合多种设计技能，相得益彰，因而设计师不能局限于某一专业而对其他领域一无所知，否则势必会影响本专业的技能水平的提高。

设计师应掌握的艺术与设计理论知识，主要有艺术史论、设计史论和设计方法论等。属于通史通论的如中外艺术史、中外设计史、艺术概论、设计概论、工业设计史、设计方法学等;属于专业史论的如工艺史、建筑史、服装史、广告史、建筑学、广告学、服装学等等。其中建筑作为"大艺术""大设计",对其他各种专业设计都有直接或间接的影响,例如哥特式、洛可可式的家具设计都是由相同风格的建筑设计直接影响而来的。格罗皮乌斯在《包豪斯宣言》中甚至称"建筑是一切造型艺术的最终目标"因此,即使不是建筑专业的设计师,"结识"了建筑这门"大朋友"式的设计,也可能令其自身专业设计获益良多。设计师不仅要熟悉中外艺术设计史论,同时还要关注当代艺术设计的现状与发展趋势,这样才能开阔视野,加深文化艺术修养,增强专业发展的后劲。设计师通过对古今中外艺术设计的欣赏、分析、比较与借鉴,可以获取广泛有益的启迪与灵感,避免"计无所出,创意枯竭"的困境,和"言必称希腊""坐井观天"之类的片面性、狭隘性错误。

设计学概论以精练的语言阐述设计的概念、性质、源流、作用、要素,从各个角度剖析设计的相关技术和基础的知识技能等是设计师的入门指南。

设计方法论主要论述设计方法的历史沿革、现实需求、理论基础与未来发展,同时评价几种主要设计方法及其在不同性质、不同阶段设计中的应用。设计方法论是挖掘创造智慧,展示设计无限可能性的主要方法。

2. 设计师的自然与社会学科知识技能

除了艺术与设计知识技能之外,自然与社会学科知识技能则是设计师的另一只手。包豪斯时期已开设材料学、物理学等科技课程与簿记、合同、承包等经济类课程。美国著名设计家与设计教育家帕佩内克(Victor Papanek,1927—1999)曾说过:"在现时的美国,一般学科的教育都是向纵深发展,唯有工业与环境设计教育是横向交叉发展的。"确实,设计的发展需要越来越多的不同学科的支持。设计师不可能"一把抓,一把熟",但也不能不掌握一些与设计密切相关的科技与社会学知识技能。例如自然学科的物理学、材料学、人机工程学、人类行动学、生态学和仿生学等,以及社会学科的经济学、市场营销学、消费心理学、传播学、管理学、经济法、思维学和创造学。

设计物理学主要提供产品或环境设计师关于设计所需的力学、电学、热学、光学等知识，并指明设计怎样才能符合科学规律与原则，以保证做得科学与合理。

设计材料学可以使设计师了解各种材料的性能，熟悉各种材料的应用工艺，以便在设计中充分利用其特性之长，避免其不利的方面。人机工程学（Man-Machine Engineering）是 20 世纪初兴起的综合性边缘学科，它在美国称为 Human Engineering（人类工程学），在欧洲称为 Ergonomics（人类工效学）。根据国际人类工效学学会（IEA）为本学科下的定义："人机工程学是研究人在某种工作环境中的解剖学、生理学和心理学等方面的各种因素；研究人和机器及环境的相互作用；研究人在工作中、家庭生活中和休假时怎样统一考虑工作效率、人的健康、安全和舒适等问题的学科。"早在包豪斯时期，人们就提出了"设计的目的是人而不是产品"。二战期间，人机工程学在军事设计领域发挥了积极、重要的作用。二战以后，人机工程学的研究与应用扩展到工、农业、交通运输、医疗卫生以及教育系统等国民经济的各个部门。当代的设计师，尤其是产品设计师与环境设计师，唯有掌握好这门学科，才能更好地"为人的需要"进行设计。国际标准化组织（ISO）设有人类工效学标准化委员会，我国到 1990 年年底已制定了 20 个人类工效学标准，主要有中国成年人人体尺寸、人体测量的方法、仪器、环境、照明等方面的标准。

人类行动学是日本长冈造型大学校长丰口协在最近一次有关设计教育的国际研讨会上提出来的新的学科。它不同于人机工程学完全把人类行动数值化，而是把立足点放在人类心理学研究为辅的学问。在设计应用上，可以弥补人机工程学忽视人类感情与心理因素的不足之处。

设计的本质是创造，设计创造始于设计师的创造性设计思维。因而设计师理应对思维科学，特别是对创造性思维有一定的领悟和掌握。心理学家巴特利特（Bartlett）认为："思维本身就是一种高级、复杂的技能。"设计师通过掌握创造思维的形式、特征、表现与训练方法，进行科学的思维训练，养成创新的思维习惯，并贯彻于具体的设计实践中，以此培养设计师的设计创新意识，突破固有的思维模式，提高设计师的创新构思能力，增强设计中的创造性，走出一味模仿、了无创意的泥潭。

设计从最初的动机到最后价值的实现，往往离不开经济的因素。设计的这种经济性质决定了设计师必须具备一定的经济知识尤其是市场营销知识。设计的最终价值必须通过消费才能实现，设计师应该了解消费者的需求，掌握消费者的心理，理解消费的文化，预测消费的趋势，从而使设计适应消费，进而引导消费，实现设计的经济价值与社会价值。虽然不可能要求设计师成为经济方面的专家，但如果没有经济头脑，就很难成为优秀的设计师。

设计不只是设计师的个人行为，也是设计师的社会行为，是为社会服务的。设计师必须注重社会伦理道德，树立高度的社会责任感。同时，设计还受到国家法律、法规的保护与约束。因此设计师必须对部分法律、法规，尤其是与设计紧密相关的专利法、合同法、商标法、广告法、规划法、环境保护法和标准化规定等有相应的了解并切实地遵守。既要维护自己的权益，也要避免侵害他人与社会的利益，使设计更好地为社会服务。

设计是设计师的实践行为，既不能停留在空头的理论上，也不能一个人闭门造车。设计师除了要有艺术设计实践技能和科技应用实践技能以外，还需要有较强的社会实践技能，包括较强的组织能力、善于处理各种公共关系的能力等。设计的调查，设计的竞争，设计合同的签订、实施与完成，设计师与设计委托方、实施方、消费者及设计师之间的合作、协调，设计事务所的设立、管理等，都是设计师的社会实践。设计师社会实践能力的高低，直接影响着他的事业的成败。社会实践技能的获得与提高，离不开社会科学知识的指导，也离不开长期的社会实践磨炼。

以上仅是对设计师必须掌握的基础性的知识技能作了简要的列举阐述，还有一些更加具体的、专业的知识学科，如园林美学、技术美学、产品分析、广告原理、民俗学和公共关系学等，都还没有列入。各专业的设计师有各自旁及的学科、技能和纵深的专业研究，需要分别加以了解和掌握。必须指出的是，所有这些知识技能都不是完全孤立的，而是普遍联系、相辅相成的关系。包豪斯创始人格罗皮乌斯曾说过："一个人创作成果的质量，取决于他各种才能的适当平衡，只训练这些才能中的这种或那种是不够的，因为所有各方面都同样需要发展。这就是设计的体力和脑力方面训练要同时并进的原因。"

当然，一方面设计师不可能在每一个领域都成为专家，他对许多学科知识的掌握不可能都很深入，只可能对许多学科的应用性质有不同程度的了解与掌握，而以对"问题"的观察能力、综合比较能力、系统处理问题的能力见长，善于将不同的学科知识有机地组织起来，形成处理设计中各种复杂因素的综合能力。设计师个人知识技能的不足可以通过与其他设计师、艺术家、管理者、会计师、工程师等各方面专家的合作得到弥补。组织协作能力是设计师重要的社会技能，成功的设计师都是成功的合作者。另一方面，设计师的所有这些知识技能又都不是静止不变的，而是随着时代的进步而不断地发展变化着。设计师若是满足于一时的成绩而停止学习，就很容易被时代抛在后面。信息时代的社会与技术发展日新月异，新成果、新技术层出不穷。设计师应善于发现和接受新事物，及时将其纳入自己的知识范围，不断提高自己的技能水平，这样才能随着时代的进步不断有新的设计创造。

古语云"人成于学"，设计师的成功依赖于他的知识技能水平，知识技能的获得依赖于设计师不断地学习。设计师应该依据自己的兴趣、基础与潜质，以及社会的实际需要进行学习。在学校学，在社会学；向师长学，向学友学，向其他设计师学，向非设计师学；从书本学，从实践学。设计是实践性的学科，读死书、讲空话都不可能有设计成就。

设计师必须善于边学边用，边用边学，将零散的知识汇聚成系统的知识，将实践经验提高到理论认识的高度。对于设计的学习研究的热情与能力，是一个人成为设计师的关键，没有这种热情与能力，其他所有知识技能都是无源之水、无本之木。学习设计，本身也是一种设计，需要有正确的学习方法、目标与步骤，更需要付出大量的时间、精力与汗水。设计师在"两手抓，两手都要硬"的同时，也应将目光投向广阔的前方，因为设计的发展是没有止境的，设计师的学习探索也是没有止境的。

第九章 走向未来的设计

本章的主要内容是走向未来的设计，从四个方面进行了阐述，分别是为"中国制造"而设计，为可持续、生态化而设计，非物质设计与交互设计，未来的社会与设计的未来性。

第一节 为"中国制造"而设计

当今时代，信息网络与制造服务融合创新，全球制造正面临新变革。《中国制造2025》明确了建设制造强国的目标。

设计是对于创新的设想与计划，是引领中国创造的先导和关键环节。在引领创造人类文明进步的进程中，设计也从农耕时代的设计1.0，工业时代的设计2.0，进化到知识网络时代的设计3.0。把握新机遇、应对新挑战，认知设计的价值和竞争力要素，提升创新设计能力，对于引领推动自主创新，加快实现中国创造至关重要。

进入新世纪，信息网络、新材料、新能源、智能制造、生物健康等技术与产业酝酿新突破、新变革，知识网络文明已现端倪。我国已成为全球制造大国、第二大经济体，但中国经济与制造仍大而不强。发展方式粗放，资源环境代价巨大，自主创新能力薄弱，主要依靠代工厂（OEM）和加工贸易，总体还处于全球产业链、价值链的低中端。未来十年是我国发展转型升级的关键时期。世界新科技产业革命与我国建设科技与制造强国形成新的历史交汇，既是难得的发展新机遇，也将面临新挑战。由于历史原因，我们失去了前两次科技与产业革命的机会，今天我们已从新的起点再出发。依靠科技原创突破前沿核心技术，依靠创新设计引领自主集成创新，支持经济提质增效、产业转型升级，加快实现向中国创造转变。

我们比任何时候都更有信心、有能力、有条件把握新机遇、迎接新挑战、实现新目标。人们更加关注人与自然协调发展，追求全生命周期绿色低碳设计制造和运行服务；依托网络和大数据，实现整体系统和全社会绿色化发展。我国已有 220 种以上大宗工业品产销量列全球首位。绿色设计制造将从产品供应侧、生产工艺源头和发展循环经济和再制造等，引领促进绿色低碳发展，创新机会与空间巨大。

万物互联、实时传感、虚拟现实 / 增强现实（VR/AR）、AI、3D 打印等技术创新和应用日新月异。全球多样化、个性化需求快速发展。为用户创造更好的体验、更高的价值，已成为提升制造服务竞争力的"焦点"和"痛点"。企业主导的工厂化、自动化、大批量制造，已向用户主导的个性化、定制式规模制造服务转变。网络协同智能成为设计制造服务的新特点、新方式。中国制造正迎来自主设计创新，促进带动向中国智造和中国创造跨越的新机遇，但也必须面对发达国家重振制造新优势和新兴发展中国家低成本制造的双重挑战。

当代设计制造服务创新，更需学科交叉融合、跨界知识融合，创新方法多样融合，终端—云端 / 软—硬件深度融合，开放合作融汇全球资源。开放融合成为新常态。能源运载、空间海洋、高端制造、医疗健康、民生服务、安全国防、电商金融等科技与新兴产业领域，成为自主设计制造服务协同创新的主战场、新高地。新中国成立以来，我们建立了完整的科技、教育和产业体系。改革开放三十多年，又融入了世界科技产业经济创新发展大环境。中国已成为全球科技、人才、制造和网络大国，但也仍存在信息数据分隔垄断，产学研用协同创新体制障碍，观念文化和制度创新等挑战。

信息数据已成为最具价值、可近零成本分享的创新资源。云计算、云服务、云平台等成为设计众创、制造服务的新生态。合作共赢成为新共识，共创分享成为经济发展新形态。我国网络电商、"互联网 +"发展快速，市场需求和产业大数据资源居全球前列，超级计算能力领冠全球。实施"一带一路"倡议，设计建设基础设施，带动优势产能转移，促进经济共同繁荣，创新机会空前、合作领域广泛。但企业数字化、信息化、网络化水平低，操作系统、工具与控制软件、先进算法等方面自主创新能力薄弱。在网络经济和数据产业全球竞争合作中，必须应对发达国家力图从云端掌控主导网络数据资源和信息安全的新挑战。

创新设计提升制造服务品质，赢得用户信赖，获得市场竞争优势，创造价值。好设计可以创造新需求、开辟新市场、创造产业新生态。谷歌、百度不但是全球最强大的搜索引擎，而且不断设计推出导航地图、百科全书、语言处理、图像识别等新应用，构建了知识服务产业共创分享的新平台和新生态。

绿色设计引领促进资源高效、清洁和循环利用，体现了创新设计的生态环境价值。设计创新环境友好材料、产品、制造工艺、清洁可再生能源、低碳交通物流等，将从源头促进人与自然协调可持续发展，从供给侧引领绿色低碳生产生活方式。如通过优化建筑选址和功能布局，选用绿色材料，采用太阳能、地源和空气热泵、智能通风、采光和能源管理，废水和有机弃物循环利用等绿色智能设计，可实现能源自持的零能耗建筑。

设计为企业创造品牌和文化价值。意大利和法国的服装和饰品设计，不但创造了诸多世界著名品牌企业，还引领了全球时尚消费文化。创新设计经营服务方式，将创造竞争新优势，重塑市场新格局。青岛红领公司设计引入数字化、网络化、智能化制造服务新业态，适应个性化、定制式需求，在服装市场产能严重过剩的大环境中，销售和赢利持续逆势大幅上扬，成为服装业转型发展的典范。设计引领推动社会文明进步，开拓创造更美好的未来。英国因设计创造蒸汽机、工作机器、火车轮船，引领以机械化为标志的近代工业文明。德国、美国等设计电机电器、内燃机、汽车飞机等，引领以电气化、自动化为标志的现代工业文明。美国设计发明了计算机、半导体、集成电路、数控机床，引领人类电子化、数字化、信息化文明进程。信息网络—物理计算环境、大数据、VR/AR（虚拟现实/增强现实）、3D打印等为创新设计创造了新环境，注入了新动力，将设计创造智能产品、智能制造、网络智慧经营服务新业态，引领知识网络文明。为客户、企业创造价值，保护生态环境，引领推动文明进步，开拓创造更美好的未来，是创新设计的永恒追求。

我国互联网、物联网、交通物流、无线宽带基础设施居世界前列，网络电商、数字中国、智能制造、智慧城市快速发展，超级计算能力领跑全球，移动终端用户超过 10.6 亿，政府倡导大众创业、万众创新，形成了众创共享、提升创新设计竞争力的良好环境。

体制机制是创新设计竞争力的重要因素。开放合作、政产学研用金协同创新，是凝聚提升创新设计竞争力的有效体制机制。中国高铁、北斗导航、载人航天、大运 –20、特高压输电、长征五号等无一不是自主创新设计、发挥制度优势、开放合作、协同创新的成果。安卓系统、滴滴打车、Facebook、微信等开放共享平台设计，都是汇聚网络资源和众创动力的最好实例。

创意创造是创新设计竞争力的关键要素。创意创造可以创造开辟新市场，重塑产业新格局，引领发展新方向。

人才是创新设计竞争力的第一要素。牛顿、麦克斯韦、爱因斯坦、香农、维纳等人的科学贡献和瓦特、西门子、贝尔、爱迪生、奥托、迪塞尔、本茨、莱特兄弟等的设计创新和发明，引领推动了英德美等成为科技与工业强国。钱三强、钱学森、赵九章等为我国"两弹一星"做出了杰出贡献。改革开放以来，华为、BAT、联想、海尔、比亚迪、大疆、大华等世界瞩目的中国企业崛起，彰显了中国创新创业人才的智慧和才干。

提升创新设计能力，关键在于创新理念、优化环境、强化基础、改革设计教育、培育文化，加快提升中国设计的国际竞争力、可持续发展能力和引领全球的能力。

创新理念。必须充分认识创新设计对产品、工艺、经营服务的引领作用，将创新设计作为提升自主创新能力，加快从跟踪模仿到并跑引领，建设世界科技与制造强国的重要抓手和关键环节。必须以新发展理念为指导，认识把握知识网络时代设计3.0的新特征，"绿色低碳、网络智能、开放融合、共创分享"，引导中国设计面向世界、面向未来，走向高品质、走向中高端。必须尊重设计规律，把握创新设计能力要素，解放思想、求真务实，引领推动加快实现由中国制造向中国创造、中国速度向中国质量、中国产品向中国品牌转变。

在创新设计已纳入《中国制造2025》的基础上，制定制造业创新设计发展行动纲要，进一步明晰提升创新设计能力，引领推动制造强国建设，加快向中国创造转变的发展目标、重大举措和路线图。完善政策法规环境，落实首台套、首批次创新设计产品的税收减免，设计企业等同高科技企业优惠税率，设计服务进出口实行零关税。加强执法监督，切实保护知识产权，为创新设计提供有效政策激励和法治保障。以市场为导向，改革创新资源配置机制、权益分享制度、设计评价制度。发挥中国工程院、中国机械工程学会、行业协会、设计协会、创新设计产业联盟等专业组织的引导促进作用，优化以企业为主体、产学研用金协同、军民深度融合的创新环境。

强化基础。在持续增加对基础前沿研发投入，为自主创新积累知识与技术基础的同时，国家、地方与企业应加强对创新设计的投入。建立创新设计基金，加大对设计创新创业的支持力度。着力培养引进设计人才，注重提升人才质量、优化知识、能力和团队结构，强化创新设计人力资本基础。建设认定一批国家、区域、行业创新设计研究院、创新设计园区、面向中小企业的创新设计技术服务中心等，强化以市场为导向的创新设计基础技术支撑体系与产业集聚平台。要着力提升先进设计理论、工具和嵌入软件、计算方法和大数据平台的自主创新、应用普及和资源共享水平，强化数字化、网络化、智能化、绿色化设计技术基础。积极主动参与制定和采信国际先进工业标准，加快提升中国设计的质量、安全和绿色化、国际化水平。

改革设计教育。理念创意是创新设计之灵魂。设计教育首要任务是引导确立先进科学理念和价值观，培育创新创业精神和工匠精神。培育设计创造的兴趣和自信心，激发人的想象力、创造力，远比灌输知识更重要。引导认知新趋势、求索新知识、创造新技术、追求新梦想远比传授学习技艺更重要。已有设计理论是前人对设计创新规律的理解和归纳。创新设计源于实践，源于对市场和社会需求理解和前瞻。在教授设计理论的同时，更应与设计案例研讨分析、参与设计创新实践紧密结合。设计 3.0 更需要跨界融合科学技术、经济社会、人文艺术、生态环境等新知识，需要分析理解大数据的数学方法和计算能力，更需要培育吸引凝聚跨界人才，设计构建共创分享平台网络和机制的能力。创新设计需要全球视野，融汇国际先进设计理念、知识、技术与文化，必须众筹全球创新设计资源，创造国际化的教育环境。

第二节　为可持续、生态化而设计

生态设计是 20 世纪以保持生态环境的可持续性为目标而勃兴的一种设计方式。

早在 20 世纪 60 年代发展之初，为了寻求人与自然之间的关系平衡，一种设计的新理想、新方向引起了现代设计领域的关注。美国设计理论家威克多·巴巴纳克（Victor Papanek）在他出版的《为真实世界而设计》一书中着重强调了设计中的生态问题，提出设计应该认真考虑有限的地球资源的使用，为保护地球的环境而服务。由于这种新思想的影响，人们试图在不变革现代社会的基本结构，不改变现有的生产模式和消费模式的情况下，依靠实用且简单易行的科技手段和技术的生态方向发展来减轻人类对环境的冲击。由此，以保护环境，治理污染为前提而形成的现代绿色生态技术应运而生，一些高效节能的绿色生态技术、生态工艺与生态设计出现在人们面前，1991 年美国在亚科桑那州沙漠建造的"生物口号"实验室、1992 年日本在青森县建造的"小地球"实验楼等就是这类环境科学技术的具体实践。至 20 世纪 90 年代，生态技术与工业产品的单纯发展已经不能解决全球范围内越来越复杂的市场消费、社会文化差异与环境变化等各种问题，人们希望设计不再是静态的独立存在，而是能够承担社会责任，并与人、社会以及自然环境紧密相关的整体性设计。为了满足这种需要，纠正传统设计与技术发展中所造成的伦理、社会、经济和政治问题，实现自然生态与社会生态的平衡，人们从生态学的视角考虑，根据人与自然平等共生、共存、共容的生态哲学，视人类构建的"人—社会—自然"环境为统一、整体的复合生态系统，把人类所从事的一切与自然环境以一种有益的方式融合在一起，将生态哲学的根本观点—生态系统的整体性性质和循环再生特征纳入设计理念之中。作为实现这一观念的理想工具，大量以社会和自然环境为导向的生态设计方案被提出来，设计师试图通过对它们的探讨来思考如何通过设计解决现实问题。进入 21 世纪之后，以高科技技术为支撑，生态设计观为指导的生态设计行为以及各种生态性无危害战略模式的整合发展已经成为现代社会中最为主要的设计趋势。

生态设计的理念内容与实践形式从最初发展就一直处于变动和扩展之中，虽然每一阶段人们的具体设计理念与实践操作有所不同，但其依据"人—社会—自然"复合生态系统整体性观点，追求人与自然的生态平衡关系的内涵却是一致的，它的基本思想是：第一，生态设计过程中的每一个决策中都需以环境效益为目标和出发点，以先进技术为基础对所有环节进行生态设计；第二，设计师应将具体的环境因素和预防污染的措施纳入设计之中，要在设计过程中考虑到工艺技术对环境产生的副作用，并将其控制在最小范围之内最终消除，不仅要尽量减少物质和能源的消耗、减少有害物质的排放，从根本上防止污染，节约能源和资源；第三，要求设计物在整个生命周期内都需符合特定的环境保护要求，力求设计物资源利用率高且能源消耗最低，对人类生存和环境的影响无害或危害极小。在 20 世纪提出的减量化（Reduce）、再使用（Reuse）、再生循环利用（Recycle）的"3R"原则，提倡在生产源头减少资源消耗，在生产过程中实现清洁生产，对于废弃物和废旧产品，能直接利用的进行"再使用"，不能直接利用的经过"再生制造"后进行"重复使用"。对于最后剩下的缺少经济利用价值的废弃物进行焚烧、填埋等"无害化"处理。这是一条被广泛接受的生态设计原则，它与生态设计的基本思想一起被纳入了生态设计的定义之中。

从内容上来看，首先，生态设计的基本思想和 3R 原则首先表明了设计发展的生态学方向以及整体的设计观和方法论；其次，提倡"负责任的科技"，即以生态的整体性观点引导材料、能源、工艺应用的科技，最后，这种系统性的设计方法要求设计出的产品不再是某种高科技支撑的生态型终端产品，作为一种独立的存在，而是与人与环境整体设计的结果，因而，产品在其整个生命周期内不但要有良好的功能、使用寿命与质量，还需有先进的技术性、良好的环境协调性和合理的经济性，保证产品及零部件能够方便地分类回收并再生循环或重新利用，维持与人与环境的动态性关系。

从生态设计的定义中我们可以发现，这一设计方式具有的生态价值观将传统设计中人们对人与物的关注转为人与环境的平衡关系以及对环境自身存在的关注。新关系的把握涉及以下各属性的整合、发展与完善，即功能属性、材料与技术属性、经济属性、艺术属性、环境属性和伦理道德属性。这些属性在已有的实用功利原则、技术尺度、经济原则、审美尺度和伦理尺度上延伸出新的内涵与表现形式，各属性之间既表现为一种有机的整体性存在，又互相作用，维持着一种由低到高的层次结构和递进关系。在人类对自我构建环境进行整体生态设计的前提下，以功能的良、善为基础，综合考虑环境中的各项因素，最终实现人与自然的可持续发展。因而，生态设计不仅表现为设计的生态化整合手段与整体设计观，而且还被视作一种能够高效节能、循环利用特征的实践形态，最重要的是它代表了人类在全球化视角上对于环境和社会责任感的考量。

我们周围的自然万物有着自己的演进规律、生存法则、功用以及合作机制，没有人类的存在照样生生不息。那么，构成人造物环境的各方面能否模仿自然物以及生态系统的"自我调节"，如它们一般生存？人造物系统能否与自然有机结合，实现可持续地循环发展？如果可以，人类自我构建的环境就能与自然融合成一个统一的生命体，系统中的一切将互相联系，并因各自之间不停地转化整理和循环利用而难以产生废弃物，拥有一个可持续发展的未来。

如上文所述，生态学将人类构建的"人—社会—自然"环境视为一个不可分割的整体性的存在，像生态系统般运行不息。在这里，人与其他生命及自然界一样都是世界的主体，虽然各自具有不同的结构秩序，并因存在与发展表现出复杂性与差异性，但整体性仍是其中最主要的特征，此外，事物之间的相互联系相互作用所构成的动态性关系推动了这一整体朝着有序、和谐与价值进化的方向发展。

从设计的角度来考虑，设计师依据这种整体性的动态发展观点，既需要从人考察自然界，又应从自然界的角度观察人，对与设计相关的各因素进行整合，并在自然原则的指导下，树立为人、为社会、为自然统一的生态设计观。在这里，设计观从单一、静止走向整体、动态的变化，是设计向生态学方向发展的变化。

生态设计作为现代设计的主要发展形势，所涉领域十分广阔，是新的产业体系的一个重要组成部分，除农业、工业外，包括交通运输、建筑、金融服务行业等在内的第三产业都有生态设计的介入。作为一门综合的科学，以满足生态建设需求为目的的生态设计实践有着多样化、交叉性、相关性的特征。它不仅和设计领域内的各专业知识、思维方式、设计方法与操作手段等方面有着复杂的合作关系，而且与众多的其他学科、行业、方法等紧密相连。

由于设计的综合性特征以及生态设计为人、为社会、为自然统一的整体设计观，设计师在设计的最初阶段就将"人—社会—自然"环境中的每个方面均置入生态系统的整体性发展来考虑，自觉模拟、学习并把握自然系统的运转规律。针对现实情况和各种可能发生的变化，从多元化的角度而非"一劳永逸"的方案来解决问题，并与自然环境融合在一起。

由此可见，生态设计的实现手段与首要目的与设计领域中的其他形式相同，都是以技术为支撑为满足实际生活需要而进行的创造性活动，因为生态设计的生态化发展目标，其设计又增加了生态节能方面的要求，设计成果具有先进的技术性、良好的环境协调性、合理的经济性以及简约、持久、安全、舒适的"绿色"感觉。与传统设计相同，人们在传统设计、技术与经济造成环境污染和生态破坏的大背景下发展出来这种设计形式，无论是材料的加工、利用、回收，还是绿色生态技术的应用，抑或对美的追求等，都会出现消耗资源、增加成本、污染环境等各种副作用。但是，传统设计往往是对于自然的一般筹划，生态设计则是以更加科学理性的方式来处理人与自然的关系，在人类对自然规律有了深刻认识的前提下满足人的需要，它的最大作用不是实现物质、经济水平的提高，而是以人与自然的共同受益为价值目标，环境的脆弱性和资源的有限性是其首要的考虑因素，此外，生态技术把包括人在内自然界看作一个有机整体，对事物的处理方法是一种较以往更深入细化且更加系统的筹划，它是人类对传统设计体系的反思，是重建绿色生态设计系统的新思维。

因而，生态设计不仅是单项生态技术或单件绿色产品的更新变换，更重要的是它能够帮助人们把生态的整体性观点介入预想成果的开发、设计、生产、消费以及再生循环等全过程中，以成果的整个生命周期的生态化发展为目标，将可拆卸性、可回收性、可维护性、可重复利用性等成果的环境属性作为设计的基本原则，利用综合化的生态技术，在满足环境目标要求的同时，保证成果应有的功能、质量、使用寿命方面的要求，以期产品在物理目标、经济效益、环境效益、以及精神目的等诸多问题上达到共赢。为了实现各相关因素的成功整合，设计师将系统中的单个元素逐步综合成为生态性的无危害战略，原料的开发与运用、生态技术体系、生产系统、人类的生活行为方式和商业行为均以一种全新的生态化的发展模式出现，这些子系统相互联系、互为作用，共同整合出一个生态反应灵敏的可持续发展环境。毫无疑问，在这里，绿色生态设计应被理解为对自我构建环境的设计。它的存在就犹如整个自然环境里的一个子系统，在大的生命圈中与其他系统相互作用并融合于自然，对"人—社会—自然"环境产生积极的影响。

设计是为人的设计，人是设计的出发点和根本目的。人类作为生态大系统中的生态子系统，它的可持续发展与设计密切相关，更与以调节、整合生态系统发展为目的的生态设计相关。设计的生态化整合不仅涉及环境、心态、生活方式诸问题，更重要的是它被当作人与自然关系的一种改革理想而存在，与设计的价值与责任紧密相连。

生态设计是以服务与人为目的，以环境资源保护为核心概念，为追求可持续发展的生态环境，从满足人类真实需求而非欲望出发，保证人类更好地走向未来、实现未来理想的可靠手段。在复杂的社会经济与生产条件下，如何克服以环境与社会生态的恶化为代价，避免唯利、技术与机械至上、外观至上等倾向，从满足人类真实需求而非欲望出发来设计造物，是人类的一个永恒性问题。生态设计通过有机整体性观点和生态化整合手段使我们的环境以及构成环境的各体系从无机分离、静态、无序地设计为物状态朝着健康、有序、和谐、生态的人本方向发展。在这里，人类为保护环境的设计其实质就是为人的设计，为人类建立良好的自然生态环境与社会生态秩序。人类作为整个生态环境中的一部分，好的生态必定会对心态的健康成长带来积极的影响，反之亦然。在此良性环境下发展的生态设计，不仅能够通过设计成果全面服务大众在实用功能与情感意象方面的需求，而且因为大众需求的扩增促进与生态设计相关的艺术科学、心理学、运动生理学、残疾研究、基础医学等的人文科学和自然科学的发展，实现高情感与高科技的平衡。如李砚祖先生所言，这种平衡"是人的自然生态与社会生态的平衡，是生态与心态的平衡"，它对于整个生态系统与人类情感的调节和整理不仅表现为设计成果的更新、技术的进步和经济的发展，而且会对长期以来为我们所推崇的挥霍、浪费的生活方式产生深远影响，在人类思想、行为以及工作与生活形态等各个方面的产生变革与优化，向可持续发展的理想世界迈进。在现代设计领域中，那些从人类各种需求出发，进一步考虑到人们的情感因素的设计以及集高科技技术和人类情感于一体的智能设计都是生态设计的重要主题，如手工艺术与大机器生产的结合成果，或是处于前沿的感性工学与信息设计，等等。

生态设计把全球生物圈的一切存在物看成是有着内在的深层关联并具有自身的存在价值，作为平衡公众需求与环境问题二者关系的一种改革理想，生态设计的目的在于寻求人类社会生活的真正价值以及现代生态型生活方式的合理构建，最终达成包括人类共同体与自然共同体在内的生态自我实现。当代人类的发展已经进入可持续发展的阶段，将伦理道德观自觉融入设计并引导系统的良性的循环运行，用包容性的、可以从多元化角度解决问题的生态设计活动将人性关怀、环境保护、社会以及政治使命感连在一起，正是这一设计形式的责任所在。

第三节　非物质设计与交互设计

一、非物质设计

既然设计思潮是特定时代的产物，那么，非物质设计自然产生于非物质社会。非物质社会是后工业社会产生的文化现象。当人类社会进入 20 世纪 90 年代后，随着科学技术的日新月异，计算机的迅速普及，以及网络的建立、扩张和日益全球化，一个信息化、数字化时代，即"非物质社会"已悄然形成，它促使人类社会正进行着一场深刻的变革，影响并改变着人们的社会生活和思想观念。正如马克·第亚尼所说，"它反映了从一个基于制造和生产物质产品的社会向一个基于服务的经济性社会（以非物质产品为主）的转变"。这种转变是由信息技术革命而引发的对社会学的具有哲学意味的思考，它从哲学、社会学、经济学等诸多领域，逐渐波及设计界，并以此来探讨设计发展的方向性话题。

"非物质"（immaterial）的英文原义是"notmaterial"，它强调的是：物质性是由人决定的，如果离开了人，物质就没有存在的意义。"非物质"，这一提法主要来源于被誉为"现代学者中最具伟大成就"的英国当代历史学家汤因比的理论。他在著作《历史研究》中指出："人类将无生命的和未加工的物质转化成工具，并给予他们以未加工的物质从未有的功能和样式。功能和样式是非物质性的：正是通过物质，他们才被创造成非物质的。"他的阐述，有助于我们重新认识、理解当代社会的性质、特点及文化现象。对处于当代社会文化核心的设计来讲，信息化社会的形成和发展，同样也改变了人们对设计本质的认识，设计开始从有形向无形转变，从功能性设计向服务性设计转变，从实有产品向虚拟产品转变，从物质设计向非物质设计转变。而电脑作为一种更快捷、更理想的设计工具，其出现也导致了设计的理念、手段、方法及过程等的重大变化，设计的重心已从物质产品的创造中逐渐脱离出来，开始注重产品的文化意味和认识过程。

非物质设计是相对于物质设计而言的。在信息社会之前，物质设计一般是通过周密的构想、计划和精细的计算，以满足人们对固定的、有形的和美好的产品活动的需求。在具体设计表现中，产品的功能、质量与材质密不可分，产品功能的实现必须依附一定的物质形式。因而，设计的中心始终是有形的物质产品（产品的外在形态），设计的目的是满足人们对功能的实际需求或由此带来的商业利益。而在信息社会中产生的所谓"非物质设计"，则是指在进入信息时代后，人们凭借计算机、互联网的使用而进行的虚拟化、数字化的设计，它是基于服务的一种设计，是与工业时代的物质设计相对应的另一种设计形态。非物质设计的出现，不仅使其存在方式、设计对象、设计手段、设计产品的功能和形式经历了从物质性到非物质性的转变；而且也改变了设计原有的、物质的单一形态，使之愈加丰富和完善。

非物质设计与物质设计既相互对立，又相互联系。实际上，物质设计中自开始就含有非物质的设计成分，如一件实有的物质产品（家具或大楼），在其尚处于构思或设想阶段时，它是非物质的；其表达的语言或意象也是非物质的。就是说，在物质设计中，各种潜在的非物质成分也存在于其中。而在非物质设计中，一定的物质因素也必不可少，非物质设计最终要借助物质形式才能如愿。

如计算机软件的开发设计（非物质设计）最终要有硬件（物质）的支持才能发挥作用；同样，电子邮件的发送，也离不开电脑等物质载体。正所谓"有之以为利，无之以为用"。因此，非物质设计的出现只是丰富和完善了设计自身存在的形态，它们在服务人类生活、创造美好生活上发挥着重要作用。因此，就设计文化而言，在现代或未来这个"非物质社会"里，它必然从一个强调理性，讲究良好功能的文化，转向一个非物质的和多元化再现的文化。其特征具体表现为：

第一，理性精神的失落。在物质社会中，传统的设计思潮，在产品的物质与精神、功能与形式、理智与情感上，两极是尖锐对立的，产品的功能价值和理性精神始终处于主导统治地位。无论是米斯·凡德罗的"少即是多"，还是路易斯·沙利文的"形式服从功能"，或是格罗佩斯的"物品要合乎其功能目的"，无论是包豪斯教育体系，还是乌尔姆设计学院的技术美学，皆是高扬理性主义的旗帜，强调产品的质量和功能价值。而进入非物质文化时代后，对立双方的矛盾得以化解，理性主义已失去压倒性优势，逐渐走向失落。设计不再一味强调理性的、功能化的满足或商业主义的刺激需求，而是追求一种更加合理的、人性化的情调。它力求发现不合理的生活方式（问题），以便使人与产品、人与环境更和谐，更合乎人性情感发展的需要，进而创造出新的更合理、更美好的生活方式。因此，非物质设计的结果已不再是传统意义上的某个固定的产品，它或许是一种方法、一种程序，或许是一种制度、一种服务，因为它的终极目标是解决人的生活"问题"，绝非简单的人对物的理性认知要求，而是更为情感化、人性化认知需求。如在当今社会中，人机关系不再那么冷漠，相反，"种种能引起诗意反应的物体"随处可见，非物质设计所追求的"一种无目的性的不可预料的和无法准确测定的抒情价值"在产品中时有体现，这表明设计产品正迅速地向艺术产品靠拢，设计过程也与艺术创造相接近，设计的艺术化潮流正迅速涌起，并逐渐推向未来。

第二，功能价值的超越。传统的物质设计一般只讲究"实用"功能，并视之为生命线，设计因而被看成是"功能"的设计或"行为方式"的设计。在非物质社会中，设计则突破了对产品单一的功能性要求，力求实现功能的多样化，甚至是不带实用性功能的"抒情价值"。具有"抒情价值"的设计重在表现人们对产品的知觉态度，它同信息技术条件下制造的大量"软形式"的产品一样，其功能价值也已渐失。功能与形式之间的相辅相成的关系——任何产品的功能只能在物品形式中才能实现这个传统定律，在数字化产品中已被打破，该物品的表面形式已经与其功能分离。也就是说，其外在形式已不单是表现其功能，反而使其功能本身具有一定的"超功能"性。例如，在电子相册中，相册的物质影子（如影集）已不见踪影，人们只能看到储存信息、传递情感的功能表现。在这里，虽然电脑、数码相机、传真机仍然有一个表面形式，依然是可以记录情感或符号的东西，但这种形式和符号与其功能之间已经不再是一种表现与被表现的关系。科学技术的日新月异使得大量产品的类别与表面形式日渐模糊。在手持类电子产品中，通信、记事、拍照、计算网络的综合功能正在打破了相机就是相机、电话就是电话、钢笔就是钢笔的传统单一模式。智能技术的发展使产品正在以一种更加有机的方式形成一种与人的共生关系。例如，电脑的键盘输入操作已开始由声音替代，感触器可以识别横穿过它的手掌，接收器也可以区别人的肢体语言。这种为"关系"的设计使产品从有形的物品转移到人机无形的相互交流之中，产品本身已不再作为一种摆设，任由我们解释。我们与产品之间已从一种非对称的关系转变为一种对称的关系。这种关系使消费者、设计者与物品之间相互交融适应，并随着其特定关系而组合成不同的认知模式。在这种文化氛围中，审美感受与经验被用来实现对产品功能的超越。由于设计产品常常体现着一种特殊的知觉态度，会在某段时间或某种场合，被人们视为精神的或具有象征意味的东西，并成为帮助人们取得审美的生活形式或生活风格的东西。例如，一辆轿车或一套时装，主要不再涉及一种新的交通方式或穿着方式，而是要展示出一种新的享受和品位，传递着人类对美好生活的追求和感受。

第三，艺术意味的强化。在非物质社会中，人们的社会需求正日益摆脱物质的层面，而转向对内在精神品质的追求。这自然使得以创造新生活为崇高使命的设计，要适应社会发展的潮流，创造出属于使用者个人的生活空间和生存环境。这种创造或选择意味着人类自身追求的"自我实现"愿望的加强，它正逐渐脱离物质层面，向非物质境界靠近。追求个性张扬的、突显艺术意味的、强调对人自身特有生活风格的要求，是产品成为造就多姿生活式样的基本保证。在某种意义上，对产品的情感化或艺术化关注，可被看作对物质和技术急速发展的一种叛逆。它冲破了艺术产品与设计产品固有的界限，使之以一种"艺术化的生存"方式展现于社会：既要体现知识、功能和技术，也要包含人类日益成熟的、丰富的情感。未来设计如同现代艺术一般，紧随人们飘忽不定的情感而创造一种不确定的、因时变化的东西，这便是超越产品本身的非物质。设计师开始突破以往那种通过周密设想、精确测算产品的功效等既定规则，而试图像艺术家那样投入到非物质的精神世界中去探索。他们力图通过自己的产品，达到与使用者进行交流的目的；而使用者也可以凭借产品，体味到设计师的情感精神世界，在使用产品的过程中体会到与产品之间的情感。此时的产品不再是冷冰冰的千篇一律的机器制造物，而是拥有了自己的生命和性格的"艺术化生存物"，设计的艺术品质得到空前的高扬，它正在突破传统框架之枷锁，日益走向艺术化的非物质领域。

现代设计的艺术化使产品不再是具有固定功能和性质的东西，而是能不断产生或延伸出诸多新的、无法预料的功能和性质的东西，成为一种灵活的"感觉组合"。如今，在许多复杂系统的设计中，那种按严格尺度建构、设计的定型化产品模式正逐渐被颠覆，整个产品在制造和使用的过程中，其部分或局部随时都有被替代、修正或变更的可能；各个部件也存有组成多套整体方案的可能性。这种"变化"也就使得批量化生产的性质发生了相应的变化。工业化生产中的批量化"变化"主要是从一个原型到一个系列，例如，它是从一部电话机的原型中，可以拓展出上百部不同的衍生产品，但它仍旧是对原型的重复。而在人工智能技术支持下的今天，应根据需求，以变异的方式制造出批量的非系列性的产品。比如，通过把随意性的格调注入一个序列，就有可能创造出上千部电话机，这千部电话机则各不相同，而且更到位（更合乎人的情感需要）。最近，西方某些汽车集团公司正在设计实施的综合汽车工程中，就已经可以生产非系列的小轿车。在生产这种汽车时，设计者一方面使用随意性生产法，另一方面注重采纳个别客户的建议，根据个别客户的订单进行有针对性地生产。因此，最终的产品是通过设计者和使用者之间不断对话而产生的"变异性产品"。

设计不仅是艺术与技术、技术与情感的桥梁，它也是人类得以生存发展的保障。"非物质主义"设计理论强调的是资源共享，提供的是服务而不是单个产品本身。这种全新的生活方式使人类能够得以长期地、可持续地发展下去。科学技术的发展将大大促进"非物质主义"生活方式的实现和推广，为非物质主义的设计理论提供科学的保障；但同时它所带来的全球安全问题、技术伦理问题、人文关系问题等亦须得到足够的重视。同时，这一设计理论的实施将是一个系统的、庞大的服务体系，需要一种全新的综合科学的管理系统才能得以顺利地实施。

总之，非物质设计又是对物质设计的一种超越，当代科学技术的发展，为这种超越提供了条件和路径。非物质设计作为物质设计的前期存在形式，蜕变为具有相对独立意义的存在，无疑是艺术与科学进一步结合的产物，非物质设计在走向未来社会的征途中，必将发挥主导作用。

二、交互设计

在人类经历了前工业时代的手工艺设计、工业时代与机械化相结合的设计方式之后，进入后工业时代则是以发达的科学和信息技术为依托的服务型设计时代。在过去的时间里，科学与艺术是分道扬镳、几乎没有太大关联的。

科学是推动人类社会进步的重要助推器，而艺术则重视人类精神世界情感的真实表达，人们不会将二者相联系。20世纪七八十年代，历史前进的车轮驶入了后工业时代，人类的手工艺结晶和机械的巨大生产力已经成为主旋律。今天社会发展竞争的主流力量则是人类知识的竞争，科技精英成为具有话语权的人物。在这个时代背景下，设计也不单单是人们惯常思维中狭隘的"装饰"环节，而是与科学联姻，乘着科技发展的浪潮倡导创新的重要学科门类。在科技占主流的当代，设计师的设计思维也产生了巨变。交互设计产生于20世纪80年代，与后工业社会来临的步伐几乎一致，是一门涉及信息交换，关注两个实体事物之间人造物关系，定义、设计人造系统行为的新兴学科，故称之为交互设计。

交互设计使人与机器的互动过程更符合人的心理期望，使用有效的方式带动整个过程具有好的用户体验和使用性。20世纪80年代是个人计算机开始兴盛的时期，在此期间交互设计依托日渐发达的信息技术应运而生。交互设计作为一门正式学科仅仅二十余年，依然处在不断地完善之中，是一门与信息架构、工业设计、视觉或图形设计、用户体验设计以及人类因素相融合的交叉学科。交互设计思维方法建构于工业设计以用户为中心的设计思维方式，并且在此基础上加以发展，强调设计事件产生的原因以及发展过程，强调过程性思考的能力。流程图与状态转换图和故事板等成为重要的设计表现手段，重要的是掌握硬件和软件原型建立和评估的技术。

随着我们逐渐向服务型社会转型，交互设计具有了以下四种特征：

第一，交互设计是以用户为中心的设计。在交互设计中，设计师设计产品的关键在于满足用户的需求，是基于服务的设计方式。以用户为中心的设计方式来源于工业设计和人类工效学，认为设计师应该让产品适合人而并非相反。工业设计师亨利·德莱弗斯在为贝尔电话公司设计标志性的"500系列"电话机时，最先在他的《Designing for people》一书中推行过此方法，并且被工业设计师奉为圭臬。并且在20世纪80年代，工作在人机交互新领域的设计师和计算机科学家掀起了一项以"设计者关注用户最终想完成什么"为目标的设计运动，这项运动就是著名的"以用户为中心的设计（UCD）"。例如，微软公司在推出 Office 2007 之初，通过观察访谈用户，考虑到十几年前的旧版本的交互和界面设计可伸缩性欠佳，将新功能隐藏在界面之下不方便用户随时使用，便对 Office 2007 进行了一千多项改进，并且与旧版本相比占据的空间更小，方便用户查找使用且不占据过多内存，被纽约时报评论为"从臃肿到优美"，以用户为中心完成了极佳的修改。

第二，关注用户使用产品的活动过程。该特征不关注用户的偏好和设计目标，而是围绕着设计过程所定义的设计方式，即为完成某一意图的一系列决策和动作。在交互设计中，用户使用产品的体验过程是设计师为了了解用户使用偏好以淘汰使用价值不大的旧功能，增加新功能以提供更好的服务而进行的设计活动，活动时间可以很短也可以很长，甚至花费数月甚至数年的时间。比如制造一艘游轮，设计师利用 GPS 技术对每个登陆游轮的客户进行实时定位，可以反馈给设计师一系列有价值的数据。比如游客活动的范围大小、主要去到的地方等，设计师通过数据对比便可以发现有些功能区挤满了游客，有些区域几乎没有游客涉足，便可以根据数据反馈在新的游轮设计中增加游客经常使用区域的面积，减少或者删掉游客极少涉足的区域，通过用户的体验过程设计师直观地了解用户需求。关注用户使用过程可以细致入微地关注用户的行为，但也有其弊端，即设计师过于专注会只见树木不见森林，从而影响从大局角度全面看待解决问题的能力。

第三，注重系统化。交互设计关注整个设计系统的完整统一，系统的完整化是保证人与物顺畅有效交流的前提。不仅如此，系统化也是交互设计解决问题的一种理论化方式。在此设计方法中，关注的是场景而不是用户。这里的系统是一系列相互作用实体化的物件，不一定是计算机，也可以是人、机械产品、各式设备等，系统设计有着严格的层次和秩序，依照产品构成的模式和步骤具有严密的逻辑等级，所以系统设计对解决复杂问题非常有效，从简单的系统构成（比如家里的照明电路），到极度复杂的比如整个政府，都可以提供一个完整明确的分析，并且这种分析将用户需求定义为系统的目标，通过关注整个大的场景对系统设计即将提供的服务和产品做出严谨入微的观察。比如热水器的加热系统，通过周边环境变化、传感器温度感知、对当前状态和期望状态的比较以及最终执行器的制热，这样一个连贯的相互作用的系统来达到热水器的正常工作，其中某一个环节出现问题可以通过整体系统运作来发现解决难题，这也是交互设计系统化一个较为强大的部分，即通过一个全景视图来研究项目，设计师也能更好地理解产品或服务周围的环境。

第四，设计师的智慧占据主位。在交互设计中有一种称为"快速专家设计"的设计方式，即设计产品决策几乎全部依赖于设计师的智慧和经验，因为其中不乏具备天生设计才能的设计师，故又称为"天才设计"。由此可见，设计师个人的职业素养对设计过程以及最终产品的重要影响。由于设计师的决策具有较大的主观性，因而会更加关注人的情感方面的需求，主要是设计师根据自己的经验和资源来自我判断用户的需要。与现代主义侧重功能相对比，更加富有时代特征。比如苹果公司的 iWatch 运动手表，产品的成功极大程度仰赖于设计师的才能，该类设计方式较多地被经验丰富的设计师使用，因为他们已经历过各种设计问题，并且可以总结出解决问题独到的方法。

交互设计由来已久，中国历史上通过狼烟来传递信号的做法也可以看作交互设计，人与物通过互动的形式传递出了人所要得到的信息。在今天的生活中，人们时时刻刻都在感受着交互设计带来的便利，比如在银行用 ATM 机办理业务，用自动贩卖机购买饮料，用手机收发 E-mail，用单反相机录制短片等。交互设计将情感的重要作用引入到了其中，关注人的诉求，以人为参照标准去体现设计产品的价值。在人们日常生活中，很多引起人的情绪起伏的大多是不起眼的小事情。比如在 ATM 机取款遭遇了半个小时的排队时间，在等公交车的时候不知下一班车什么时候到站，汽车无法启动的时候不明白问题出在哪里，等等，交互设计师的任务也就有相当一部分停留在解决这些"小事"上，通过产品和系统的优化升级，带给用户美好的体验。例如传统抽油烟机仅具备吸取油烟的功能，现代的抽油烟机不仅具备基本的吸取油烟功能，而且有照明装置，这样用户在使用时就不必再担心光线的问题，这种"照明"与人就形成了一种交互关系。现代产品设计必须考虑在本职功能外对人的需求的观照。"一机多功能"已经随处可见，新式搅拌机可以集粉碎肉馅、打磨豆浆、打磨果泥果汁于一体，省去了需要购买多个机器的烦恼。所以在交互设计师的辅助下，在我们周围世界变得越来越复杂的情况下，所用设备可以继续改善并且逐步实践多种的技能。

如今我们生活在一个互联网构建的"地球村"里，进入后工业社会，交互设计在未来的产品和服务中正发挥越来越重要的作用，交互设计的未来整体是平稳上升的，每年都有大量的产品和服务上线，从"博客"到"微博"，传统结构化产品的内容与形式转变主要由交互设计师所决定和创建。在未来交互设计师将会充分使用物联网反馈的数据进行产品追踪，以提供更好的产品服务。物联网正在将我们身边的每个不起眼的物品连接成一张位置实时更新的网络图纸，想象一下你家里的每个东西都在这个图纸上，甚至小到家里一盒不起眼的牙签。物联网提供的数据非常具有吸引力，利用物联网收集的数据可以更为清晰地看到产品对世界的影响。在科学技术迅猛发展的今天，交互设计与科学进行了融合，人与机器人之间的交互是今天服务型社会的一个重要议题。机器人早已不只出现在科幻大片中，而已经实实在在进入了我们的日常生活，不仅仅作为产品，而且是服务。机器人设计师乔迪·福里齐（Jodi Forlizzi）教授总结了机器人设计的三个主要问题。第一，形式。机器人的尺寸、材料、形状如何？第二，功能。机器人如何表达交流自己？第三，行为方式。机器人在相应的情况下会有什么行为？它会如何进行活动？如何与人类交互？其社会性又如何？所以围绕机器人的一系列情感和技术难题需要我们的交互设计师在创建和使用中投入更多。

总之，交互设计正面临着一个全新的时代和新的挑战，基于服务而展开的交互设计，应更加注重设计人之间的交际，所以交互设计师应保证交互双方的交互品质，包括邮件的发件人和接受者，这在很大程度上取决于设计师最初的设计决策。所以交互设计师应当具有前瞻性并具备周密的思考逻辑，符合设计中的伦理道德，以提供更好的产品服务。

第四节　未来的社会与设计的未来性

对于人类自身的未来生活，人们总是充满着渴望和想象：人们生活在一个高度文明、发达、充满爱的世界里，随心所欲地控制着世界的万物甚至是宇宙，并按照自己的意愿设计创造满足自身需要的各种产品。正是人类这种不懈追求，造就了一批具有探索精神、超前意识的仁人志士——探索未来设计风格的设计师。当然，"未来"具有不确定性，"想象"也非百分之百能实现，而未来设计更非"断定未来之设计"，它只是设计师根据过去的经验，衡量当前的走向，放眼时代设计潮流的发展趋势，对未来设计进行的思索与探测。所以，面向未来的设计，它实际存在于设计长河的每个阶段，严格意义上讲它不是一个设计流派，只能算对每个时代的、各个设计流派发展趋势的思索与展望。正是这种对未来的探索与创新，使其设计形式具备了超越现代的特性，体现出一种未来性。

设计的未来性是指对即将到来的设计的研究，是对未来将要出现或可能出现的设计样式的一种推测和构想。既然是"未来的设计"，那它应该是一种前卫的，具有超前的审美意识、科技含量和形式因素的设计。未来风格设计应具备以下特征：

第一，前卫的设计意识。日新月异的时代，迅猛发展的科技，使人类更对自己的未来充满幻想，寄予厚望。设计师在反思现代设计给人类生活带来的诸多问题时，以更前卫或更先进的设计理念武装自己，展开对未来设计物的遐想与构建。这种构想已不再过多地考虑工业技术的进步、产品利润的提高和物质财富的丰富等方面的问题；而是以超前的意识，努力思索着怎样使精神文明与物质文明同步增长，如何使产品成为满足人们物质和文化等多功能需求的综合体现，怎样把世界创造成为人们生理和心理服务的、具有科学性和审美性的、和谐发展的理想环境……在这样的探索中，设计师们对未来世界充满了美好的想象。这种想象对当代人而言是具有超前意识，充满理想主义色彩，但它是设计师施展才能的平台，他们由此而设计的产品既有前卫的思想，奇特的造型，又那么与众不同，富有个性。如由摩根设计所创造的一套未来主义建筑方案——"书柜"。设计师把人们居住的大楼设计得像一个巨型书架，但"书架"上放的不是书籍，而是套住宅，这些住宅是设计师按居住者的要求或意愿事先制作成型，然后用直升机送上去安装，供人居住生活。此住宅，像家具一样可以任意调换，无论是用旧了、过时了，还是不中意了，随时都可以更新换代，只有大楼的承载结构是稳固不变的。这种富有想象力的设计显然具有未来性，其前卫的设计理念，独特的造型形式，与现代建筑的设计风格迥然相异，反映了设计者的理想愿望。

　　第二，时尚的艺术品位。我们知道，设计与艺术在人类最初的社会活动中是融为一体的，只是由于社会的发展，分工的细化，才使得艺术从实际技术活动中逐渐分离出来。尽管如此，两者仍存有内在联系。设计中常常包含或体现着艺术的意志和品味，艺术的变革也以一种激进的方式影响设计运动，并为设计运动开辟了道路。如现代设计的美学思想也正是以 20 世纪初的艺术运动为思想基础的。实际上，各个时代的设计与艺术、功能需求与审美趣味之间本来就是相互联系、相得益彰的，两者都在追求一种能够体现时代精神实质的理想形式。对未来风格的设计而言，设计与艺术的差距正在日渐缩小，将重新融为一体。新的艺术形式的出现会诱发新的设计概念的产生，而新的设计理念也会成为新的艺术形式产生的契机。无论是造型、色彩等外在表现形式，还是思想、品格等内在精神气质，都应是前卫的、时尚的；其设计的艺术意味则应更为浓重，更加讲究"艺术的品位"，更富有艺术的想象力和创造力，也更具有前瞻性。

如被誉为"20世纪达·芬奇"的全能设计大师卢基·柯拉尼，这位德国设计大师，为了"更美好的明天"，以超乎寻常的创造性想象力，设计了交通运输工具（航天飞机、海上船只、路上的各种机动车辆）、建筑和日常生活产品（家具、首饰、眼镜、手表）等各种属于未来风格的设计作品，这些设计造型新奇，形式独特，色彩充满个性活力，特有时尚的艺术品位和对未来的畅想。

技术是第一生产力，科学技术是设计的强大助推器。回顾现代设计发展的历史，每一次大的技术革命，都会带来设计理念的重大变革，而新的设计又会推动技术成果的现实化或转化。随着科学技术高速发展，新技术、新手段、新材料的不断出现，也必然带来现代社会设计观念的更新和设计形式的突破。对于那些有志向、有眼光的设计师来说，他们善于把握新技术与新材料所带来的契机，将自己对未来的理解通过新的技术与材料，通过自己的设计表现出来。这类设计一般具有超值的科技含量，预示着人类科技发展的方向。如薄壳技术就是在钢筋水泥材料出现的基础上实现的。钢筋水泥具有可塑性的特点，以此来制造薄壳是最适合的材料。由于薄壳没有梁、柱，专靠形体获得强度；它仅靠膜面支撑，又有比传统的钢筋水泥结构轻的优点。所以薄壳技术引起了设计师的关注，并被当作独一无二的处理空间的技术手段加以推广。1956年，澳大利亚选中丹麦设计师伍重的悉尼歌剧院设计方案，就在于其采用了颇具科技含量的薄壳技术——剧院由八只壳体屋顶组成，坐落在花岗岩墙体上，整个造型如扬帆的船只，极富诗意和象征性。这个前所未有的造型设计在当时包含了许多超前的技术成分或科技含量，致使剧院的建设拖后了几年（技术条件具备后）才得以实施。再如2005年11月，在美国旧金山举行的第十二届智能交通世界大会上展示日本丰田公司设计的概念型个人交通工具i-unit，这种智能化的未来交通工具在低速行驶时看起来就像有四个轮子的大轮椅，一旦高速行驶，就会自动调整身姿成为一辆单人跑车，显示了超值的科技含量。

总之，对于未来社会的设计思潮和流派，我们只能从当今设计的发展趋势中加以推测或设想，其实它远不止以上所概述的几种。随着社会的发展，人们对生存质量的更高追求，必然促进设计的不断革新，许多新的设计理念、设计风格、设计流派又会涌现在人们面前。而每一种新的设计流派的出现，都是对过去的批判与对未来的向往。新旧设计思潮的斗争，不断改变着设计的样式，使之在走向未来的征途中不断成熟与完善。

参考文献

[1] 魏洁. 用设计的力量在学科之间穿梭和漫游 [J]. 创意与设计, 2022 （4）: 12-13.

[2] 揭谜. 幸福设计: 走进设计领域的积极心理学 [N]. 中国社会科学报, 2022: 6-23 （5）.

[3] 陈子健. 生成式视觉识别设计系统研究 [D]. 广州: 广州美术学院, 2022.

[4] 于雪, 朱云飞, 陈翔. 新文科背景下设计学专业发展路径研究 [J]. 河南工业大学学报（社会科学版）, 2022, 38 （3）: 89-94.

[5] 杨钢. "新艺科" 背景下我国师范类高校设计学学科发展范式 [J]. 当代美术家, 2022 （3）: 54-57.

[6] 乔凯.《长物志》与人性化设计研究 [D]. 北京: 中国艺术研究院, 2022.

[7] 方海, 薛忆思. 现代家具设计流变 [J]. 室内设计与装修, 2022 （5）: 145.

[8] 白洁. 设计学教育 "课程思政" 实施路径探析 [J]. 山西建筑, 2022, 48 （6）: 184-187.

[9] 李超德. 构建属于我们自己的东方设计学 [J]. 湖南包装, 2022, 37 （1）: 4.

[10] 许彧青. "设计学及其研究方法" 课程思政教学探索与实践 [J]. 教育教学论坛, 2022 （5）: 70-73.

[11] 董磊. 基于协同育人的设计学类专业人才培养模式研究 [J]. 中国文艺家, 2021 （12）: 99-101.

[12] 李安, 李雨润. 浅析广告设计在平面设计中的应用 [J]. 科技视界, 2021 （31）: 50-51.

[13] 新工科·新设计 [J]. 设计, 2021, 34 （20）: 6.

[14] 民族艺术与设计 [J]. 民博论丛，2020（00）：200.

[15] 张茜，姜虹伶. 明代家具的仿生设计对现代家具设计的启示 [J]. 收藏与投资，2021，12（7）：67–69.

[16] 江南大学时尚设计与文化研究室 [J]. 服装学报，2021，6（3）：186.

[17] 彭勃. 设计学类：科技与艺术的融通 [J]. 考试与招生，2021（Z1）：128–130.

[18] 温婷，李纳璺. 新文科理念下设计学概论课程教学创新与实践 [J]. 船舶职业教育，2021，9（3）：25–28.

[19] 赵一夫. 智慧城市视角下的城市家具设计研究 [D]. 上海：华东理工大学，2021.

[20] 丁俊.1930 年代上海家装设计的现代性路径研究 [D]. 无锡：江南大学，2021.

[21] 程银. 跨界创意设计视角下浙江竹产业的发展路径与对策 [J]. 艺术教育，2021（4）：259–262.

[22] 张子辰. 助推理论视角下的自然交互界面设计研究 [D]. 南京：东南大学，2021.

[23] 赵岩."媒介即讯息"理论视角下的影视广告设计研究 [J]. 参花（下），2021（3）：110–111.

[24] 农先文. 设计专业"以研促发展"教学模式探析 [J]. 大观，2021（03）：121–122.

[25] 弭友海. 新文科背景下设计教育发展的思考 [J]. 山东工艺美术学院学报，2021（1）：19–22.

[26] 设计学视野下民族造物艺术范式的构建途径探析 [C]// 中国设计理论与技术创新学术研讨会——第四届中国设计理论暨第四届全国"中国工匠"培育高端论坛论文集，2020：55–65.

[27] 论劳动分工在设计学发展及其建构中形成的价值体系 [C]// 中国设计理论

与技术创新学术研讨会——第四届中国设计理论暨第四届全国"中国工匠"培育高端论坛论文集，2020：137-155.

[28] 祝帅. 广义设计学视野下的社会创新设计与服务设计 [J]. 中国艺术，2020（4）：61-66.

[29] 凌士义，周佳培. 高校设计学科教学创新实践与专业能力培养 [J]. 课程教育研究，2020（24）：37-38，40.

[30] 丁宁. 自媒体视域下的设计知识传播设计与应用 [D]. 长沙：湖南大学，2020.